CFRP-钢加固界面剪切变形特性及蠕变规律研究

赵 众 茅献彪 吴 鹏 仇培涛 郭世儒 著

中国矿业大学出版社
· 徐州 ·

内容提要

本书以 CFRP-钢加固界面为研究对象，研制了基于传统电测技术的双剪切 CFRP-钢组合结构试样，实现 CFRP-钢加固界面剪切变形特性的间接测定，测试得到界面上剪应力与剪应变分布规律。借助 CFRP-钢加固界面的剪切蠕变试验，得到了胶层厚度、钢板粗糙度对界面蠕变特性的影响规律。依据界面的剪切蠕变及其失效特征，建立了考虑胶层厚度、钢板表面粗糙度影响的界面剪切蠕变本构模型及蠕变方程。

本书可供土建类院校相关的教师和研究生阅读，也可供从事钢结构加固方面研究的科研人员及工程技术人员参考。

图书在版编目（CIP）数据

CFRP-钢加固界面剪切变形特性及蠕变规律研究 / 赵众等著. —徐州：中国矿业大学出版社，2025. 4.
ISBN 978-7-5646-6690-3

Ⅰ. TB334

中国国家版本馆 CIP 数据核字第 2025U6K191 号

书　　名	CFRP-钢加固界面剪切变形特性及蠕变规律研究
著　　者	赵　众　茅献彪　吴　鹏　仇培涛　郭世儒
责任编辑	章　毅
出版发行	中国矿业大学出版社有限责任公司
	（江苏省徐州市解放南路　邮编 221008）
营销热线	(0516)83885370　83884103
出版服务	(0516)83995789　83884920
网　　址	http://www.cumtp.com　**E-mail**:cumtpvip@cumtp.com
印　　刷	江苏凤凰数码印务有限公司
开　　本	787 mm×1092 mm　1/16　**印张** 9.5　**字数** 201 千字
版次印次	2025 年 4 月第 1 版　2025 年 4 月第 1 次印刷
定　　价	42.50 元

（图书出现印装质量问题，本社负责调换）

前　言

与传统的结构材料相比，新型轻量化碳纤维增强复合材料(Carbon Fibre-Reinforced Polymer，CFRP)具有高强、轻质、耐腐蚀、可设计性强和施工方便等诸多优点，CFRP 的广泛应用为钢结构加固技术的研究带来了新的机遇与挑战。采用 CFRP 布(板)来加固、补强、修复钢结构，特别是大跨桥梁、高耸建筑等方面的研究，越来越倍受关注，也取得了丰硕的成果，为 CFRP－钢加固技术快速得到大量应用提供了重要基础。然而，现有研究大多偏于具体结构工程的技术与方法，在 CFRP－钢加固机理方面的研究成果相对较少。本书以 CFRP－钢加固界面为研究对象，综合采用试验研究、理论分析等方法与手段，就 CFRP－钢加固界面的剪切变形机制、蠕变规律等方面进行系统研究。

本书设计研制了基于传统电测技术的双剪切 CFRP－钢组合结构试样，建立了试样测量应变与界面剪应变、剪应力关系表达式，实现 CFRP－钢加固界面剪切变形特性的间接测定，测试得到了界面上剪应力与剪应变的分布规律。借助 CFRP－钢加固界面的剪切蠕变试验，得到了界面的剪切蠕变及其速率的时程曲线，给出了 CFRP－钢加固界面剪切蠕变的长期强度特征，得到胶层厚度、钢板粗糙度对界面蠕变特性的影响规律。根据界面的剪切蠕变及失效特征，通过引入反映非线性加速蠕变特征的 NRC 元件模型，建立了考虑胶层厚度、钢板表面粗糙度影响的界面剪切蠕变本构模型及蠕变方程，蠕变模型与试验结果印证性较好。

在本书的编写过程中，中国矿业大学陈占清教授、张凯研究员、陈彦龙研究员，徐州工程学院朱炯教授、李雁教授、张连英教授、李兵副教授提出了大量宝贵意见，在此表示诚挚的谢意。本书参考了大量的国内外有关钢结构加固方面的研究成果，在此谨向参考文献的作者表示感谢。

本书内容涉及物理、化学、实验力学等多门学科，由于笔者学识有限，书中难免存在不足之处，敬请广大读者和同行批评指正。倘若此书能够作为引玉之砖，引发读者更广泛更深入的思考与讨论，笔者将深感快乐与满足。

笔者

2024 年 12 月

目　录

1 绪 论

1.1 研究的背景及意义

钢结构具有轻质高强、抗震性能好、施工周期短、工业化程度高等优点[1]，被广泛运用于大跨度桥梁结构、高层建筑、重型厂房等方面，与另一建筑结构混凝土结构相辅相成。但服役的钢结构经历往复循环荷载、腐蚀环境、超载等作用，加之缺乏及时维护，许多结构已经无法满足设计标准和使用要求[2]，迫切需要构建解决钢结构损伤破裂问题的新方法，以实现工程结构的健康运维。

目前，针对钢结构损伤破裂问题主要有两种解决方式[1,3]，一种是整体拆除重建或者局部用新的构件替代旧的构件；另一种是对既有损伤钢结构进行加固，传统的钢结构加固方法是将钢板或者型钢通过焊接、螺栓连接的方式在损伤部位进行补强[4]。整体拆除或者新构件替代损伤构件的方式具有一劳永逸的优势，但其成本巨大，且更换构件工期长，导致结构长时间使用中断，造成更大的经济损失。相比拆除或者局部替换构件，对损伤钢结构构件进行原位加固的方法，具有节省材料降低造价的优点。钢板作为传统加固材料自重较大，钢作为母材在加固使用中通过焊接、栓接时自身的缺点会被放大，会形成新的应力集中区域、产生新的疲劳敏感源等问题。伴随着新型轻量化碳纤维增强复合材料（Carbon Fibre-Reinforced Polymer，CFRP）在工程领域的广泛应用，其代替传统加固材料在钢结构加固领域具有较大发展潜力[3,5]。CFRP 加固方式是通过在钢结构损伤区域表面涂刷特制的结构胶黏剂，将 CFRP 片材粘贴到钢结构损伤部位，使钢结构和 CFRP 片材粘贴形成整体，二者协调变形、共同工作，弥补钢结构损伤造成的强度不足。CFRP 材料自身轻质高强成本较低，外贴于钢板表面后不增加新的焊缝，不会产生残余应力和新的疲劳敏感源，不会对原结构造成二次损伤。

相比于日趋成熟的 CFRP 加固混凝土结构技术，CFRP 加固钢结构技术也取得一定的进展，钢梁、钢柱、钢板等钢结构常见构件都有相应的 CFRP 加固方法，根据构件受力特性在相应位置粘贴 CFRP 补强，显著提高各种钢结构构件强度。CFRP-钢加固界面安全可靠耐久是各种钢结构加固技术能够发挥效果的重要因素和必要条件，也是学者研究的重点、热点问题。CFRP-钢加固界面的研究主要集中在基础黏结性能。部分学者通过不同类型的剪切试验[6-7]，对 CFRP-钢加固界面的黏结性能[8]和破坏机理进行系统研究[9-11]，并且提出 CFRP-钢加固界面的黏结性能的影响因素及其黏结-滑移本构模型[12-16]。也有学者关注 CFRP-钢加固界面的疲劳特性[17]，系统研究其疲劳破坏模式、疲劳寿命[18]、疲劳裂纹扩展[19]等系列问题[20-23]。现有研究主要集中在结构“加固前”，即加固设计阶段采用何种设计参数、何种粘贴方法使得加固界面达到符合要求的承载力和抗疲劳强度。钢结构加固完成后长期承受荷载的作用，长期荷载作用下的 CFRP-钢加固界面的力学表现直接影响加固钢结构的耐久性。在 CFRP-钢加固界面中，结构胶为黏弹性材料，起到连接 CFRP 和钢板的作用，CFRP、结构胶、钢三者形成的界面整体在长期荷载作用下发生蠕变，CFRP-钢加固界面会先于结构发生蠕变破坏，影响结构加固后的使用。这一蠕变现象鲜有研究，因此有必要开展 CFRP-钢加固界面的剪切蠕变特性的研究，对加固后钢结构安全合理使用年限的设计具有现实意义，为准确把握加固后钢结构的二次补强时机提供依据。

1.2 国内外研究现状

1.2.1 基于 CFRP 的结构加固技术研究

1.2.1.1 基于 CFRP 的混凝土结构加固技术

CFRP 加固技术最早应用于混凝土结构[24]，20 世纪 80 年代，瑞士联邦实验室 Meier 等系统研究 FRP 板代替钢板加固混凝土结构技术，并于 1991 年将该技术应用于瑞士的 Ibach 桥。各国陆续颁布相应的设计规范和指南[25-27]。我国也开展相关工作，颁布一系列规范与指南[28-32]，包括《碳纤维增强复合材料加固混凝土结构技术规程》(T/CECS 146—2022)、《混凝土结构加固设计规范》(GB 50367—2013)等。学者们通过大量试验探索验证各种加固技术的加固效果，并对相应加固计算理论模型展开研究。

根据加固对象不同，基于 CFRP 的混凝土结构加固技术可以分为以下几类：

① 混凝土梁加固。针对梁抗弯承载力不足的情况，在梁受拉面纵向即沿着长度方向粘贴 CFRP[33-36]，碳纤维布在加载后期特别是钢筋屈服后发挥较大作用，CFRP 高强特性得到充分发挥[33, 37-40]。粘贴一层碳纤维布加固后梁的极限承载力约提高 24%～33%，粘贴三层碳纤维布加固后梁的极限承载力约提高 48%～64%[33]。针对梁抗剪承载力不足的情况，在梁侧面横向粘贴 CFRP，一般采用 U 形箍的形式，在抗剪同时对底部 CFRP 起到锚固作用[41-43]。U 形箍的横向约束还能增强梁整体性并防止过早剥离，梁的极限承载力显著提高，刚度与变形性能亦有改善[35]。在疲劳作用下降低损伤梁裂缝扩展速率，提高疲劳寿命[44-47]。在冲击荷载作用下亦能显著减小梁的裂缝宽度和跨中挠度，提高梁的抗冲击能力[48-51]。如图 1-1 所示为工程现场框架结构混凝土梁的 CFRP 加固方法，在梁底部粘贴 CFRP 布，侧面粘贴 CFRP U 形箍，以提高混凝土梁的整体抗剪能力。

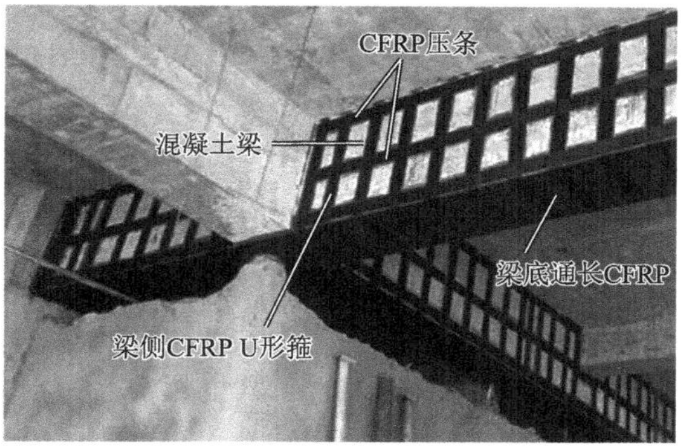

图 1-1　混凝土梁的 CFRP 加固方法

② 混凝土柱加固。围绕柱环向粘贴 CFRP，通过 CFRP 约束柱环向变形，提高柱承载力[52-55]。该加固方法还能提高柱的侧向抗变形能力，在柱加载后期，显示出较高的横向刚度，柱子的抗震性能明显提高[56-58]。工程现场框架结构混凝土柱的 CFRP 布粘贴加固通常沿环向粘贴，提高柱的侧向变形能力，如图 1-2 所示。

③ 混凝土板加固。与混凝土梁相似，针对板抗弯承载力不足，在板受拉侧粘贴 CFRP，提高板抗弯能力[59-61]。板在受到爆炸作用时，CFRP 材料增强混凝土板结构整体性，有效阻止混凝土板裂缝在爆炸瞬间的萌生与发展，提高板的

抗爆特性[62-63]。研究表明CFRP在板上粘贴位置对加固效果有影响，中间加密型的防护效果最好、均匀分布型防护效果次之、边缘加密型的防护效果相对较差[62]。图1-3所示为工程现场混凝土板的CFRP加固方法，在板纵向和横向双向粘贴，以提高混凝土板的整体抗弯能力。

图1-2　混凝土柱的CFRP加固方法

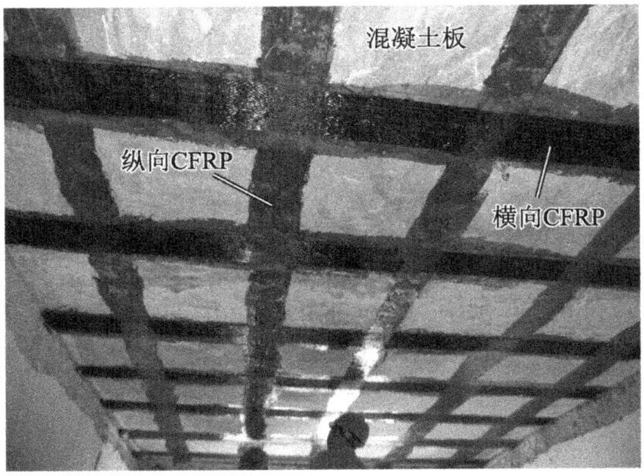

图1-3　混凝土板的CFRP加固方法

综上所述，CFRP能够有效改善混凝土结构受力性能，并提高被加固构件的延性和承载力。CFRP加固混凝土梁、板和柱的计算模型设计理论取得较大发展，相关技术日趋成熟，在实际工程中广泛应用。

1.2.1.2　基于CFRP的钢结构加固技术

基于CFRP的钢结构加固技术方法在20世纪50年代提出[24]，但直到20世纪90年代才应用于英国Tickford桥和美国Christina Creek桥。我国在2012年开始应用此技术，由中冶建筑研究总院对宝钢冶炼车间24根重钢吊车梁实施了CFRP加固，加固后结构自重增加不超过1%，而疲劳寿命延长了20%～50%，取得了巨大成功[5]。

与混凝土结构相比，钢结构构件截面形式更多样化，包括工字形截面、矩形空心截面等，因此，CFRP粘贴的形式与方法也呈复杂多样化。针对工字钢梁抗弯承载力不足的情况，通常在梁受拉翼缘粘贴CFRP[64-66]。研究表明，对CFRP采用施加预应力处理可以提高CFRP加固效果，CFRP的抗拉特性能够更充分发挥[65]。在梁腹板侧面沿长度方向粘贴CFRP可有效提高其抗剪承载力[67-68]。CFRP使钢梁裂纹扩展速率显著降低，延长钢梁疲劳寿命，更好地抵抗疲劳作用[69-71]。针对钢管柱承载力不足的情况，围绕钢管柱环向粘贴

CFRP，CFRP 能有效约束柱子环向变形，提高柱子承载力[72-73]。加固后的钢管柱，在承受柱顶施加水平方向低周往复荷载来模拟地震作用时，柱顶荷载-位移滞回曲线的极限位移比未加固柱增加，如图 1-4 所示，滞回曲线更饱满且包围面积增加，耗能能力增强，抗震性能显著提升[74]。

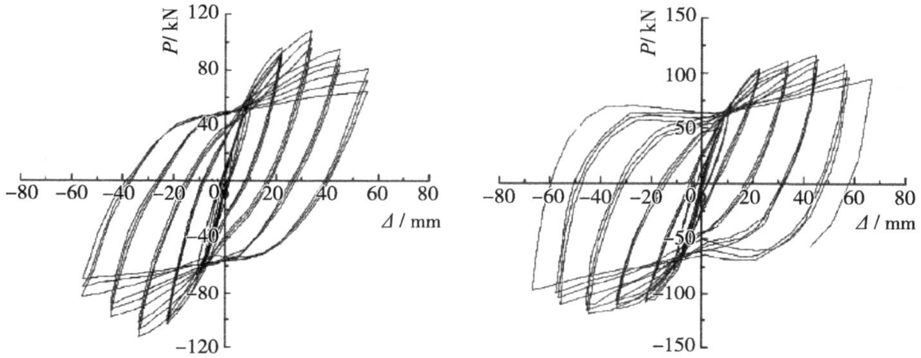

（a）未加固柱　　（b）CFRP加固柱

图 1-4　CFRP 加固钢管柱抗震试验结果对比[74]

针对钢板抗拉承载力不足的情况，沿钢板受拉方向粘贴 CFRP 能够提高钢板抗拉强度[75-76]。通过人为在钢板上不同位置制作单边、双边、中心缺口，以及不同形状的 V 形、U 形和圆孔缺口，导致钢板由于损伤抗拉强度降低，研究发现，在缺口周围一定区域表面粘贴 CFRP 均可恢复钢板抗拉承载力，但恢复程度略有差异[77]。CFRP 加固后钢板在抵抗疲劳作用时，疲劳寿命可以达到加固前的 2.2～7.9 倍[78]，CFRP 在钢板两面粘贴比单面粘贴方式效果更好[79]。有学者通过增加 CFRP 的弹性模量、厚度或层数，发现其抵抗疲劳能力逐渐提高[80-82]。

1.2.1.3　CFRP 加固钢结构技术研究存在的问题

① 相比现有成熟的钢结构加固技术，CFRP 加固钢结构技术有其独特的价值和意义，有必要进一步研究，作为规范的补充和完善。

多年来，我国科研人员对 CFRP 加固钢结构技术开展了大量研究工作，《碳纤维增强复合材料（CFRP）加固修复钢结构性能研究与工程应用》一书的出版标志着我国 CFRP 加固钢结构技术取得标志性成果和阶段性应用。目前《钢结构加固技术规范》（CECS 77:96）、《钢结构加固设计标准》（GB 51367—2019）等规范还未系统涉及 CFRP 加固钢结构技术相关内容，CFRP 加固钢结构技术仅仅应用在少量工程，未能在钢结构加固工程中广泛开展标准化推广应用。规范中目前采用将钢板或者型钢通过焊接、螺栓连接的方式在损伤部位进行补强，计算设计理论较为成熟，但是施工作业对环境空间要求较高，大面积大重量的钢板作为补强材料在施工时尤为不便，且焊接过程为明火作业，对于一些特种结构并不完全适用。CFRP 具有自重轻、施工方便、造价便宜等优点，对于传统钢结构加固方法鞭长莫及的一些疑难杂症具有四两拨千斤的疗效。一些钢结构所处腐蚀环境，本就是由于环境腐蚀造成材料表面出现损伤等缺陷，采用钢板加固后在未来使用中仍然面临恶劣环境的考验。CFRP 耐腐蚀，加固后在腐蚀环境中使用具有较好的耐久性。因此进一步开展 CFRP 加固钢结构技术，完善规范内容具有现实意义。

② CFRP－钢加固界面的力学行为是 CFRP 加固钢结构技术研究的重要部分。

现有 CFRP 加固钢结构技术研究从构件补强的角度着手，聚焦在研究 CFRP 片材的选取（包括 CFRP 布、CFRP 板、预应力 CFRP）、CFRP 层的厚度、CFRP 粘贴的位置、结构胶的种类、胶层的厚度等设计参数对构件补强的效果，针对不同的结构构件形式（梁、板、柱、节点），设计出对应的粘贴加固方法，通过相关试验验证加固效果。这一前提是建立在 CFRP 与钢结构能够有效黏结，且 CFRP－钢加固界面在加固过程中不会失效的基础之上。CFRP－钢加固界面的安全可靠关系到结构整体加固效果，是 CFRP 能够发挥其作用的基础。加固后的结构在后续使用中长期处于持载状态，CFRP－钢加固界面亦处于持载状态而受到考验，为了保证钢结构加固各项技术成果能够顺利实现，有必要对 CFRP－钢加固界面长期荷载下力学行为进行研究。

③ CFRP－钢加固界面的蠕变特性和损伤机制是研究 CFRP－钢加固界面的力学行为的重要环节，具有现实意义。

在 CFRP－钢加固界面中，CFRP 和钢板二者通过胶层联系在一起，协调变形、共同工作。在 CFRP、钢板、胶层三种材料中，CFRP 与钢板都具有较大的强度，胶层则相对薄弱与前两者相比更容易发生破坏。加固完成后，CFRP－钢加固界面承受长期荷载作用，结构胶为黏弹性材料，长期荷载下 CFRP－钢加固界面发生蠕变现象，影响钢结构的加固效果，不及时处理 CFRP－钢加固界面会发生加速流变破坏。因此保证 CFRP－钢加固界面长期强度，控制其蠕变各项参数并确定相关设计参数对 CFRP 加固钢结构有重要意义。

1.2.2 CFRP-钢加固界面力学特性研究

1.2.2.1 CFRP-钢加固界面剪切试验研究

通过CFRP-钢加固界面剪切试验研究，学者主要研究了如下问题：

① 钢板表面特性对钢-胶界面黏结效果的影响。为了研究CFRP-钢加固界面剪切特性，学者通常设计制作双剪切或者是单剪切试件进行测试。试件制作过程中对钢板表面特性的控制环节决定钢-胶界面黏结效果。如果仅对钢板表面采用溶液清洗，即采用丙酮去除钢板表面杂质，试件会发生钢-胶界面滑脱，黏结强度较低[83]。目前常用的钢板表面处理方式有机械打磨以及喷砂处理。机械打磨是采用打磨机去掉钢板表面氧化层[11,83]。喷砂处理通过喷砂方式增加钢板表面粗糙度并增加表面化学活性[22,84]。采用这两种方法处理钢板表面后钢-胶界面黏结效果良好，CFRP-钢加固界面剪切承载力大幅提高。

② CFRP-钢界面黏结强度的影响因素。王海涛[22]制作6个单剪切试件，将CFRP黏结长度作为控制变量，从70 mm增加到350 mm，剪切实验结果显示，黏结长度从70 mm增加到150 mm时，随着黏结长度的增加CFRP-钢界面承载力从52.4 kN增加到112 kN，当黏结长度继续增加时，承载力不再增长。Fawzias[11]、薛耀等[16]也做了类似的研究，结果表明CFRP存在一个有效黏结长度，在有效黏结长度范围内，界面黏结强度随着CFRP黏结长度的增加而增加，超过有效黏结长度，界面黏结强度不再增加。

王海涛[22]研究表明，当胶层厚度从0.5 mm增加到2 mm时，CFRP-钢界面黏结强度也增加，胶层厚度从2 mm增加到3 mm时，黏结强度降低。有学者也通过试验得出类似结论，即胶层厚度在一定范围内增加，界面黏结强度增加，当厚度增大到一定程度时强度变化具有不确定性，出现维持某个承载力水平不变或者是下降的现象，分析原因是胶层厚度增加导致界面失效模式发生改变进而影响承载力[11,84-85]。

有部分学者关注CFRP厚度对CFRP-钢加固界面承载力的影响，发现随着CFRP厚度的增加，CFRP刚度增加，界面黏结强度提高[11,17,83,86]。

也有部分学者在进行CFRP-钢加固界面剪切试验时采用各种不同的结构胶[87]，导致界面黏结强度不同，采用极限强度和弹性模量低、非线性变形大的界面黏结强度大于拉伸强度和弹性模量较高但线性变形能力小的界面[7,22,83,85]。

1.2.2.2 CFRP-钢界面黏结滑移变形研究

Xia等[85]最早通过试验CFRP板-钢单剪试件研究界面的黏结-滑移性能，

试验发现界面的黏结-滑移关系具有先上升后下降的趋势，如图 1-5(a)所示，提出包含界面断裂能、最大界面剪应力、相对滑移、最大滑移等参数的双线性模型。Fernando 等[83]进一步研究发现，黏结-滑移关系受胶层性能影响很大，双线性模型适用于拉伸强度和弹性模量较高但变形能力小的线性胶，并提出对于极限强度和弹性模量低、非线性变形大的胶，适用于梯形模型，如图 1-5(b)所示。黏结滑移关系相当于是界面本构关系，反映局部剪应力与相对滑移之间的关系，其他学者在此基础上扩展模型表达并提出相应参数的求解[7, 11, 16, 22, 83, 85, 88-89]。

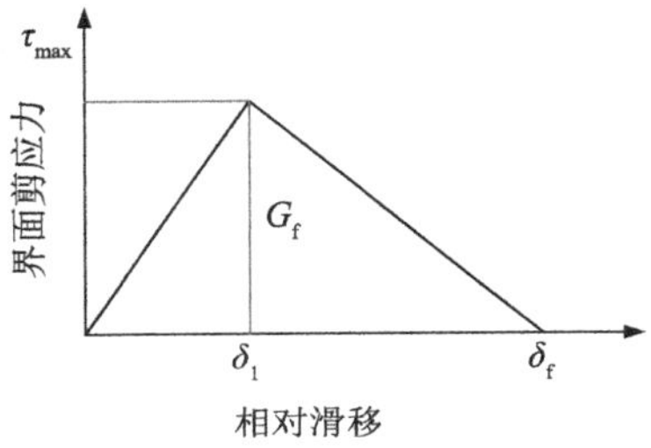

(a) 双线性模型

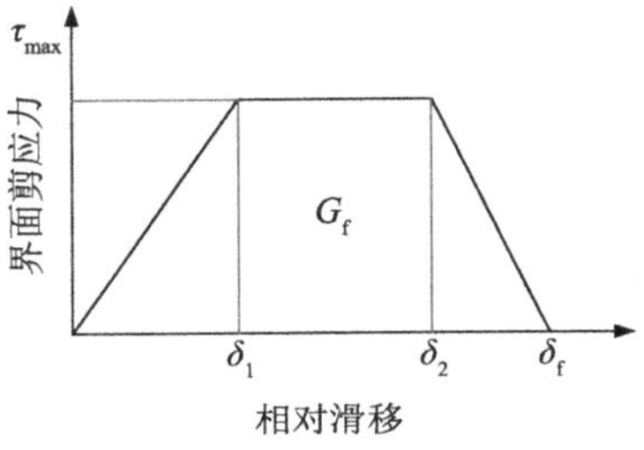

(b) 梯形模型

图 1-5 CFRP-钢界面黏结-滑移关系简化模型

除上述研究外，有学者在温度[81, 90-93]、紫外线[94]、冻融循环[95-96]、动荷载[97]、腐蚀环境[98-99]等各种条件下进行了 CFRP-钢加固界面试验研究，不同环境条件对界面黏结强度和黏结滑移关系都会有影响，导致界面黏结强度有不同程度的降低，黏结滑移关系中的相关参数由于损伤会产生折减。

1.2.2.3 CFRP-钢加固界面流变特性研究

CFRP-钢加固界面具有流变特性，本质上是因为结构胶作为加固界面中连接 CFRP 和钢板的中间层，具有黏弹性特征，在长期剪切荷载作用下产生蠕变变形[100-101]。现有的结构胶应用研究表明，不同种类结构胶[102]或者同种结构胶掺加纳米复合材料改性后[103-105]，其流变曲线和流变参数都会发生改变。应力水平[105]、温度水平[102, 106-108]显著影响结构胶的蠕变速率、长期强度等特性，改变这些试验变量，可以推导出参数不同的结构胶蠕变本构模型。同种结构胶在受不同长期荷载(长期拉伸和压缩荷载)，其蠕变速率、蠕变曲线斜率亦有差异[109]。结构胶作为 CFRP-钢加固界面的中间层，受到长期剪切作用，具有不同于长期拉伸和压缩状态下的蠕变特性，因此有必要对 CFRP-钢加固界面长期剪切流变特性进行研究。

CFRP-钢加固界面中由于结构胶的不同导致界面的蠕变特性不同，Ferrier等[110]对CFRP混凝土界面蠕变特性进行了研究，考虑了四种不同的结构胶，通过温度试验以评估其蠕变，蠕变与结构胶的玻璃化转变温度值相关。对于同种结构胶，Aboubakr等[111]在界面处胶层中掺加纳米黏土，改变了胶层性质，结果表明纳米黏土分散、插层或剥落减少环氧树脂胶层的交联，导致蠕变量增加。

不同应力水平下，CFRP-钢加固界面的蠕变特性不同。更大的应力水平下，其蠕变量更大[112-113]，徐佰顺等[114-115]的研究表明，不同应力水平下的蠕变可以用损伤因子的形式表达，更大的应力其损伤因子更大，对其蠕变后静力试验测试强度有明显影响，并提出一种考虑蠕变损伤的CFRP-钢界面蠕变本构模型[116]。剪切应力抗剪强度比是影响混凝土-FRP界面的长期性能的主要因素[117]。

静力实验中的CFRP-钢加固界面存在CFRP黏结的有效黏结长度，在蠕变实验中这一数值由于蠕变的影响会有所增加[112, 118]。通过数值模拟，模拟结果能够很好预测界面的长期变形[117-119]。

不同温度[119]、湿度[120]等条件会影响界面黏结强度和黏结滑移关系。不合适的温度、湿度会造成界面黏结强度不同程度的降低，黏结滑移关系中的相关参数也会由于损伤产生折减，这对于蠕变相关参数也有影响。温度越高，湿度越大，其蠕变量越大。

1.2.3 CFRP-钢加固界面失效机制研究

1.2.3.1 CFRP-混凝土加固界面破坏模式研究

CFRP-混凝土加固界面的破坏模式主要包括有五种：混凝土内聚破坏[63]、胶层与混凝土界面破坏、胶层内聚破坏、胶层与CFRP界面破坏、CFRP层间剥离[35]，如图1-6所示。CFRP、胶层、混凝土三者中，混凝土强度较为薄弱，施工良好的情况下，混凝土破坏是最常见的破坏模式，CFRP片材与表层混凝土紧密黏结在一起整体从混凝土基体剥离，导致混凝土破坏。

1.2.3.2 CFRP-钢加固界面破坏模式研究

CFRP-钢界面破坏模式主要有6种[121]：钢板屈服失效、钢-胶界面失效[11, 114]、胶层失效[22, 114]、CFRP板-胶界面失效、CFRP板层间剥离失效[83-84]、CFRP板断裂失效[85]，如图1-7所示。与CFRP-混凝土加固界面不同，CFRP、胶层、钢三者中胶层强度较低，因此CFRP-钢加固界面常见破坏为胶层

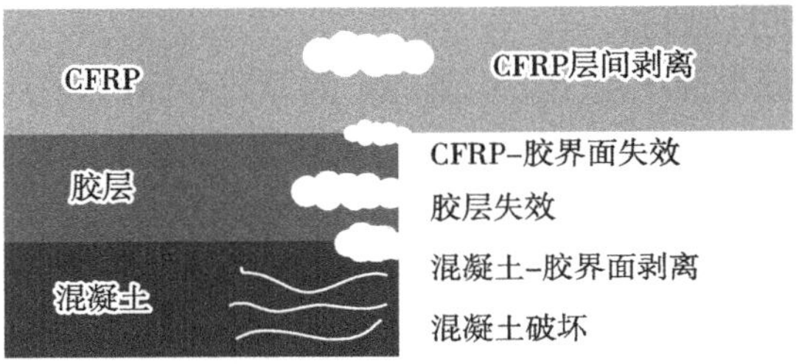

图 1-6　CFRP-混凝土加固界面失效模式放大示意图

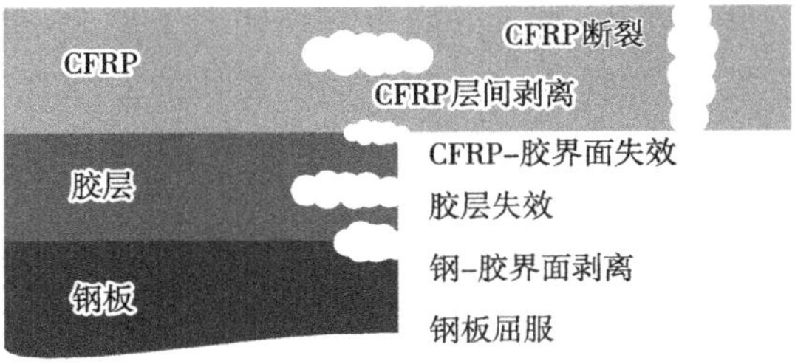

图 1-7　CFRP-钢加固界面失效模式放大示意图

破坏及钢-胶界面破坏。

1.2.3.3　CFRP-钢加固界面微观失效机制研究

近年来由于电子显微技术不断发展完善，材料的微细观形貌特征、结构特征、孔径分布特征及物相产状等在微观尺度上得以揭示[122-125]。

对学者们通过扫描电镜 SEM 进行材料微观失效机制的研究总结如下：第一类，探寻 SEM 图像中失效部位微观的特征，细致描述归纳，揭示微观机理，支撑宏观力学特性。Nadeem 等[126]、张立华等[127]、水中和等[128]将断面 SEM 扫描图像中空隙面积差异和黏结面上孔隙大小和数量上的变化与宏观材料中掺加粉煤灰和偏高岭土的混凝土在不同温度下力学特性一一对应，Golewski 等[129]通过观察图像中反映粉煤灰混凝土剪切破坏后的微观形貌结构，Helmi 等[130]通过对比高压和高温固化对活性粉末混凝土 SEM 图像上孔结构特征，学者们将研究尺度放到微观层面，通过分析 SEM 图像中孔结构大小、形貌等特征精细描述了微观结构特性，作为宏观性能理论支撑。吴疆宇等[131]采用分布分形维数统计的骨料粒径胶结充填体的 SEM 微观结构，发现达 597 μm 交错粗骨料形成闭合孔的应力集中促使其周围晶体结构位错，撕裂不同晶体间生成的水化产物，如图 1-8 所示。

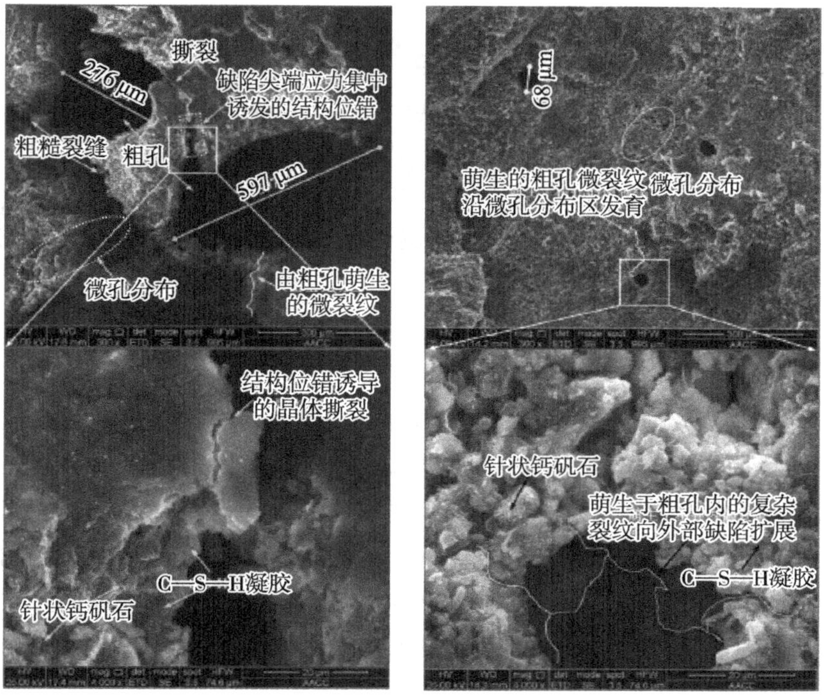

图 1-8　骨料粒径胶结充填体的微观结构[131]

第二类通过对 SEM 图像中各种物质特征形貌进行辨识，对系列图片对比分析，找出并标记出物质的变化，用来支撑宏观材料的力学特性。Heikal 等[132]对 SEM 图像辨识出 C—S—H 凝胶和片状的 $Ca(OH)_2$ 晶体，通过定性分析对比，得到 30%～40% GCBC—S—H 凝胶和片状的 $Ca(OH)_2$ 晶体堆积最为密实，此时自密实混凝土宏观强度最好。Jain 等[133]、Ren 等[134]等通过对 SEM 图像中的图形进行辨识，寻找标记新生成物质，反过来说明特殊成分混凝土在宏观上力学特性差异性产生的原因，将微观与宏观进行了有机的结合。李海艳等[135]辨识 SEM 图像中经历不同高温后活性粉末混凝土的微观结构变化和物相组成，得到宏观中由于水泥水化反应和火山灰反应互相促进，微观图像显示更加密实，混凝土的微观结构得到改善，如图 1-9 所示。

第三类是通过对比一系列材料的孔结构特征，抽象归纳出典型形貌，同时考查产物的生成情况，反过来说明宏观材料在腐蚀、冻融等复杂过程的演化，最后与微观断口形貌结合分析，形成较为系统的微观分析。韩鹏举[136]、高英

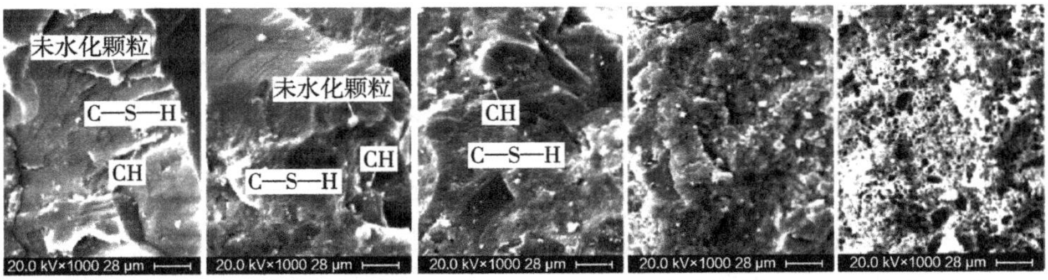

(a) 常温　(b) 200 ℃　(c) 400 ℃　(d) 600 ℃　(e) 800 ℃

图 1-9　不同温度作用后 RPC 基体的微观结构[135]

力[137]、王海龙[138]通过分析 SEM 图像中的腐蚀产物、微观结构，及其在硫酸盐、氯盐等环境腐蚀劣化微观机理进行对应。李兵[139]、刘瑞雪[140]等研究了腐蚀、荷载、冻融等多因素耦合条件下，通过归纳提取 SEM 图像中对微观结构形貌和孔结构特征进行分类描述，并且结合断口形貌进行分析，得到较为系统的微观结构分析。李兵[139]通过对比不同冻融次数下混凝土试样的半球面花样断口 SEM 扫描图，得到其形貌特征随着冻融次数增多，半球面断口形貌逐渐由解理断口向韧性断口转变，如图 1-10 所示。

第四类是通过提取 SEM 图像中的数字化信息，定量化地分析断面形貌特征或者是物质的图形上面积变化等，利用计算机技术进行数值模拟建模，如图 1-11 所示。宋帅兵[141]、Ji 等[142]和 Díaz 等[143]等利用先进的计算机技术将 SEM 图像中的信息提取，建立细观数值计算模型，并研究了混凝土细观数值计算模型在荷载作用下的特性和破坏规律。

上述成果主要是对混凝土结构，对 CFRP-钢加固界面破坏后的断面的微细观分析还较少。有必要采用 SEM 扫描电镜，通过采用第四类方法来系统研究分析 CFRP-钢加固界面的破坏后的微细观结构。通过微观断面中的典型破坏断口，利用图像处理方法定量分析各种断口面积、分形维数等变化，能够解释宏观破坏的微观作用机制。

1.2.4　CFRP-钢加固界面剪切流变规律研究

持续荷载作用下，材料的变形随时间持续增长，产生蠕变现象，其蠕变特性包括衰减蠕变、等速蠕变和加速蠕变三种类型，由材料本身的性质、应力状态和环境条件等因素决定。流变模型可以准确表征特定材料在特定应力状态、特定

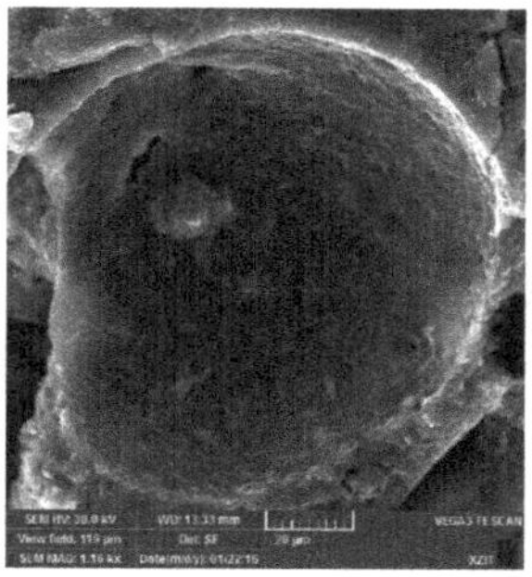

（a）n=0

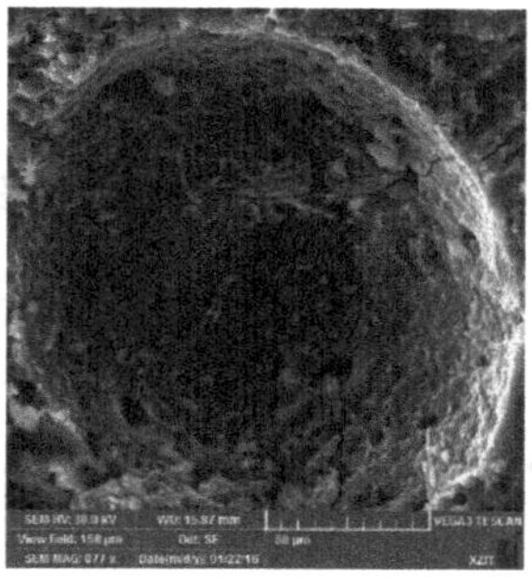

（b）n=30

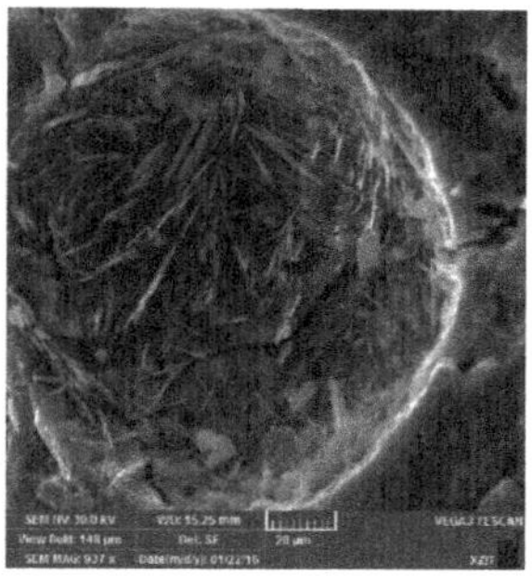

（c）n=60

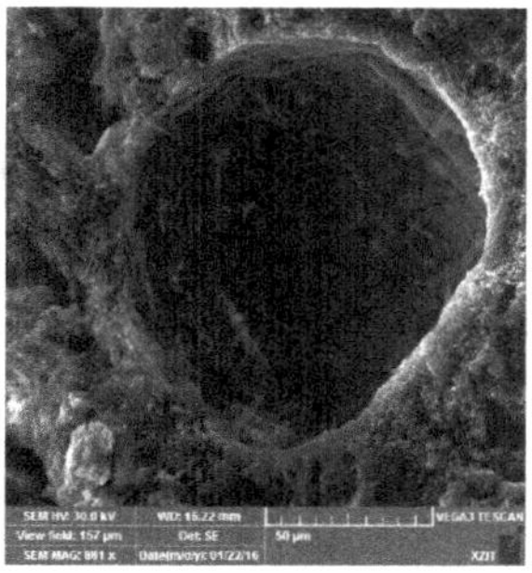

（d）n=90

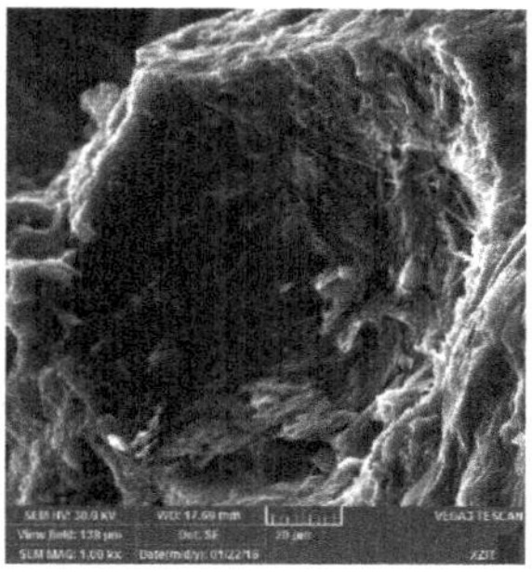

（e）n=120

图 1－10　不同冻融次数下混凝土半球面花样断口形貌[139]

（a）原始SEM图像

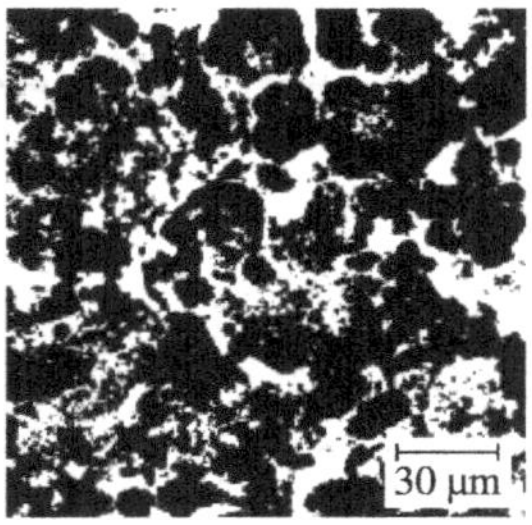

（b）二值图像

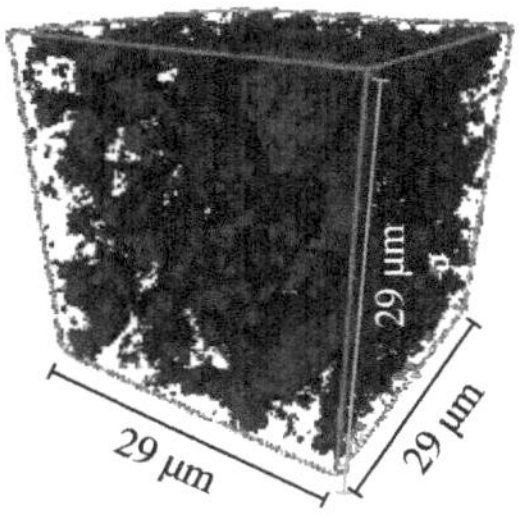

（c）三维建模渲染图

图 1－11　基于微观图像构建三维模型流程示意[141]

环境下的蠕变特性，是流变理论研究的重要组成部分，分为以下几类，归纳如下：

1.2.4.1 经验模型

经验模型通过将流变试验数据代入经验方程并推导出流变参数完成构建。

李卉[107]采用 Andrade 理论、陈化理论建立结构胶等速蠕变阶段的经验模型。其中 Andrade 理论中，恒温条件下，指数型函数蠕变方程为：

$$\varepsilon_c = (1+\beta t^g)e^{kt} - 1 \tag{1-1}$$

当 $kt < 1$ 时，e^{kt} 按级数展开，方程近似写为：

$$\varepsilon_c = \beta t^g + kt \tag{1-2}$$

陈化理论中幂函数蠕变方程为：

$$\varepsilon_c = A\sigma^n t^m \tag{1-3}$$

其试验数据拟合结果如图 1-12(a)所示，拟合效果较好。

Andrade 理论、陈化理论拟合效果较好，恒速理论不适用于其所用材料。徐佰顺[114-115]对 CFRP-钢双剪试件进行了不同荷载等级的长期蠕变加载试验，得到基于 Findley 幂律方程的经验模型。其蠕变表达式为：

$$\varepsilon_c = \varepsilon_0 + mt^n \tag{1-4}$$

拟合结果与实验数据吻合度较高，如图 1-12(b)所示。

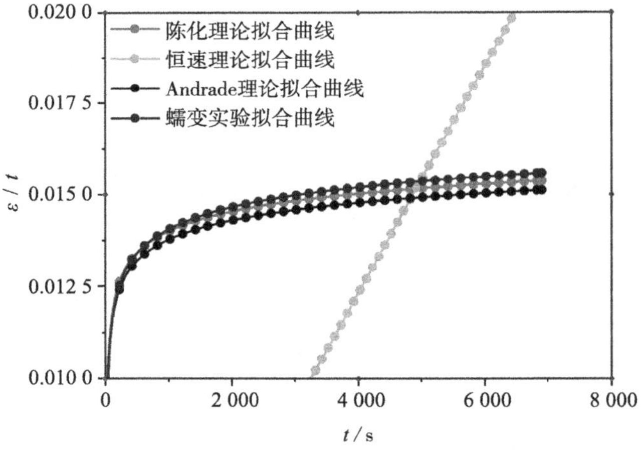

(a) Andrade理论、陈化理论拟合结果[107]

图 1-12 经验模型拟合值与试验值对比

刘红军[144]采用类似幂律方程经验模型拟合效果较好。经验模型建立方便、拟合准确，侧重于数学表达但参数物理意义不明确，在衰减蠕变和稳态蠕变阶段拟合较好，但缺乏加速蠕变阶段。

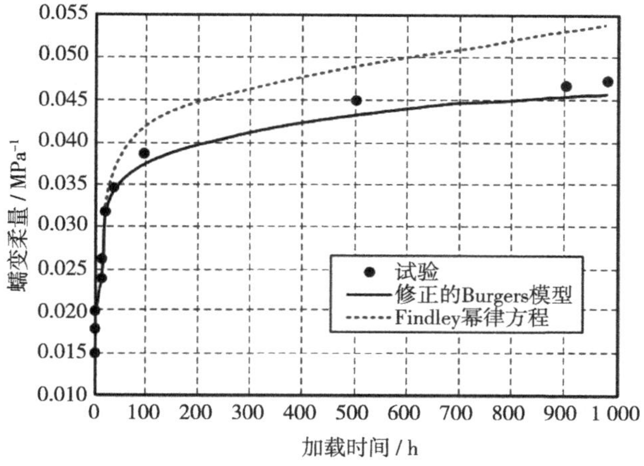

（b） Findley幂律方程拟合结果[114]

图 1－12 （续）

1.2.4.2 元件模型及改进扩展

元件模型及改进模型根据流变试验曲线特征，将基础元件模型串并联组合，建立本构方程，对参数进行辨识反演得到流变模型。

(1) 基本力学元件

力学元件是元件模型及改进模型建立的基础，包括弹性元件，黏性元件与塑性元件，如图 1－13 所示。

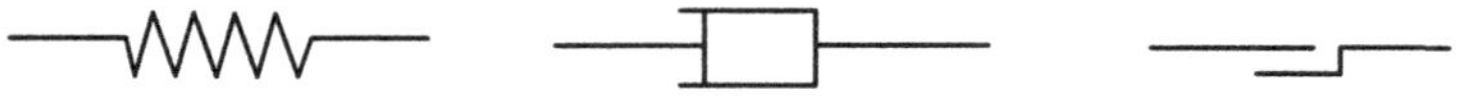

（a）弹簧–Hooke体　（b）黏壶–Newton体　（c）摩擦片–St.Venant体

图 1－13 元件模型基本力学元件

弹簧- Hooke 体为弹性元件[图 1－13(a)]，反映蠕变过程中的弹性特性，其应力-应变关系满足胡克定律：

$$\sigma = E\varepsilon \tag{1-5}$$

式中，E 为材料弹性模量。

黏壶- Newton 体为黏性元件[图 1－13(b)]，反映蠕变过程中的流体特性，其应力-应变关系如式(1－6)所示：

$$\sigma = \eta \frac{\mathrm{d}\varepsilon}{\mathrm{d}t} \tag{1-6}$$

式中，η 为材料黏滞系数。

摩擦片- St. Venant 体为塑性元件[图 1-13(c)]，在模型里起到“开关”作用。当 $\sigma<\sigma_s$ 时(σ_s 表示材料的屈服极限)，“开关”闭合，与其并联的模型元件不起作用；$\sigma\geqslant\sigma_s$，“开关”打开，与其并联的模型元件起作用。

(2) 基础元件组合模型

表 1-1 为经典基础元件组合模型。

元件串联时，各个元件上应力相等，等于模型总应力；模型总应变等于各个模型的应变相加，即：

$$\sigma=\sigma_1=\sigma_2=\cdots=\sigma_n \quad \varepsilon=\varepsilon_1+\varepsilon_2+\cdots+\varepsilon_n \tag{1-7}$$

元件并联时，各个元件上应变相等，等于模型总应变；模型总应力等于各个模型的应力相加，即：

$$\sigma=\sigma_1+\sigma_2+\cdots+\sigma_n \quad \varepsilon=\varepsilon_1+\varepsilon_2+\cdots+\varepsilon_n \tag{1-8}$$

基于学者的研究，夏才初[146-148]统一了流变力学模型理论辨识。

表 1-1 经典基础元件组合模型

模型序号	模型名称	元件组合	流变性态
①	Maxwell 模型[118]	N	黏性
②	Kelvin 模型	H/N	黏弹性
③	Bingham 模型[145]	N/C	黏塑性
④	村山模型	H/N/C	黏弹塑性
⑤	Burgers 模型	H-N-H/N	黏性-黏弹性
⑥	西原模型[139]	H-H/N-N/C	黏塑性-黏弹性
⑦	广义 Kelvin 模型[121]	$H-\sum(H/N)_i$	黏弹性
⑧	广义 Burgers 模型[107-108]	$H-N-\sum(H/N)_i$	黏性-黏弹性
⑨	夏才初模型[146-148]	N-H/N-N/C-H/N/C	黏性-黏弹性-黏塑性-黏弹塑性

注：H：弹簧元件；N：黏壶元件；C：摩擦片元件。“/”：元件并联；“—”：元件串联。

1.2.4.3 基于元件模型的扩展模型

元件模型通过基本元件串并联组合得到，能反映线性黏弹塑性特征，且参数物理意义明确，但不能描述加速流变阶段特征。学者将基本元件进行改进，获得新非线性基本元件，更好地描述加速阶段。

非线性黏塑性元件体(NVPB 模型)[145]的模型及应变-时间曲线如图 1-14 所示，其蠕变方程为：

$$\varepsilon(t)=\frac{H(\sigma_0-\sigma_s)}{\eta}\frac{t^k}{t_0^{k-1}}=\frac{H(\sigma_0-\sigma_s)}{\eta}t^k \tag{1-9}$$

式中,k 为流变指数,反映岩石加速流变速率的快慢程度;t_0 为参考时间,设定为 1;σ_s 为屈服应力或者长期强度。$H(\sigma_0-\sigma_s)$ 的表达式如下:

$$H(\sigma_0-\sigma_s)=\begin{cases}0 & \sigma_0\leqslant\sigma_s\\ \sigma_0-\sigma_s & \sigma_0>\sigma_s\end{cases} \tag{1-10}$$

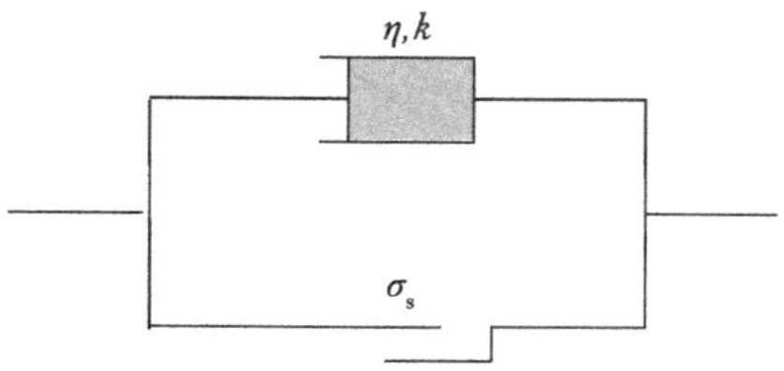

(a) 非线性黏塑性体 (NVPB)

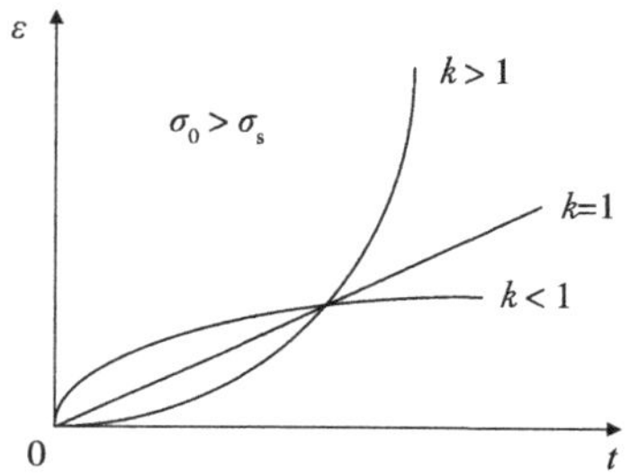

(b) NVPB 模型蠕变曲线

图 1-14 NVPB 模型及蠕变曲线[145]

$k>1$ 时,NVPB 模型可以表征蠕变加速阶段,与之类似的还有非线性流变元件(NRC 模型)[145]。通过 Abel 黏壶取代传统的 Newton 黏壶,反映材料表现出的非线性渐变过程的黏弹性质,以及用不同损伤系数 λ 表征加速蠕变特性含损伤分数阶模型。曹丽丽[149]在此基础上提出一种含损伤分数阶黏壶的本构方程:

$$\sigma(t)=E\eta_3^{\gamma}\mathrm{e}^{-\lambda t}\frac{\mathrm{d}^{\gamma}\varepsilon(t)}{\mathrm{d}t^{\gamma}} \tag{1-11}$$

式中,λ 为损伤因子,当 $\sigma(t)=\sigma_0$,得到含损伤分数阶黏壶的蠕变方程为:

$$\varepsilon(t)=\frac{\sigma_0}{E\eta_3^{\gamma}}t^{\gamma}E_{1,1+\gamma}(\lambda t) \tag{1-12}$$

不同损伤因子下蠕变特征曲线如图 1-15 所示。

在"统一流变力学模型"的框架下,将损伤断裂理论融入构建出损伤断裂流变模型。包括损伤引起的蠕变[150-153],参数化包含损伤历史的蠕变模量,与微观裂隙结合的宏观蠕变特性[154],把长期强度作为阈值,分阶段描述蠕变损伤[155];蠕变参数随时间退化的函数[156]等,大大拓展了元件模型范畴。

综上所述,CFRP-钢加固界面中结构胶作为连接 CFRP 和钢板的中间载体,属于黏弹性材料,其流变性能亦可采用理论流变力学相关理论进行描述,但

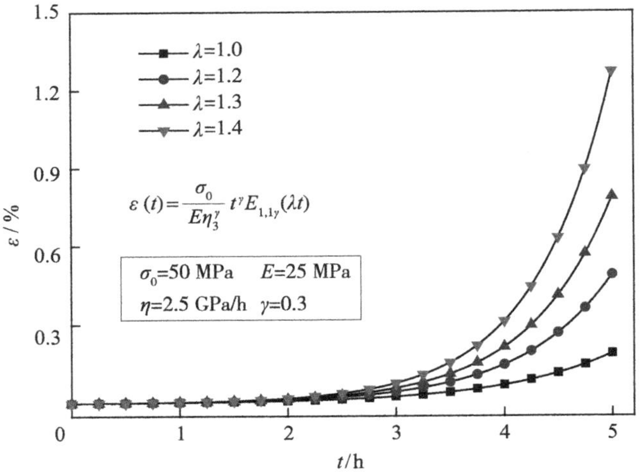

图 1-15 考虑损伤因子的分数阶黏壶蠕变特性曲线[149]

是目前关于此方面的研究鲜有报道。在钢板屈服失效、钢-胶界面失效、胶层失效、CFRP 板-胶界面失效、CFRP 板层间剥离失效、CFRP 板断裂几种失效模式中，CFRP-钢加固界面常见破坏为钢-胶界面破坏，钢板粗糙度和胶层厚度是其至关重要的影响要素，因此有必要系统研究不同钢板粗糙度和胶层厚度对钢-胶界面的承载力及破坏模式的影响。同时，CFRP 加固完成后，CFRP 板与原结构构件共同承受长期荷载作用，CFRP-钢加固界面处会发生蠕变现象，影响钢结构加固效果，在设计时必须通过相关参数来考虑这种影响。确定 CFRP 加固结构的蠕变破坏特性和长期强度，对钢结构加固后的健康运维有重要意义。

本书以理论流变力学理论为基础，借鉴经典理论流变力学及其改进模型，构建 CFRP-钢加固界面剪切流变模型，推导其相应的本构方程、蠕变方程，并进行相应的参数求解，为 CFRP 加固钢结构工程设计提供理论依据和参数支持。

1.3 主要研究内容

在系统综述现有研究成果的基础上，本书主要以 CFRP-钢加固界面为研究对象，综合运用宏观测试及理论分析等方法，对 CFRP-钢加固界面剪切变形机制、蠕变规律、蠕变失效破坏的微观机制等进行系统研究，并探讨钢板表面粗糙度 R_s、胶层厚度 t_a、循环加卸载效应等对加固界面剪切变形及蠕变规律的影响，揭示 CFRP-钢加固界面的蠕变损伤破裂机理，也为 CFRP-钢加固工程的技术研究提供理论支撑。主要研究内容如下。

① CFRP-钢加固界面受力及剪切变形特征研究，包括：CFRP-钢加固界面剪切变形测试的试样结构组成加工制作方法等；CFRP-钢加固界面剪切变形测试方法与流程确定；试样测量应变与加固界面剪应变、剪应力的关系的建立；试样加固界面的剪应变、剪应力分布特征等及其随试样钢板表面粗糙度 R_s 与加固界面胶层厚度 t_a 的变化规律等。

② CFRP-钢加固界面的剪切蠕变规律研究，包括：CFRP-钢加固界面的剪切蠕变特征（蠕变时间历程）、蠕变速率、长期强度特性等；CFRP-钢加固界面的剪切蠕变规律、蠕变速率、长期强度参量等随加固界面胶层厚度 t_a、试样钢板表面粗糙度 R_s 的变化规律。

③ CFRP-钢加固界面剪切蠕变的本构模型研究，包括：依据 CFRP-钢加固界面剪切蠕变特征，确定合适的蠕变元件模型，特别是加速蠕变阶段蠕变元件模型的确定；与剪切蠕变本构模型相对应蠕变方程构建；剪切蠕变本构模型参数的辨识与确定；剪切蠕变本构模型的试验验证；界面胶层厚度 t_a、钢板表面粗糙度 R_s 对蠕变本构模型的影响规律等。

1.4 研究方法与技术路线

借助美国 MTS 微机控制电子万能试验系统、DH3816N 静态应力应变测试分析系统等试验设备，结合损伤力学、材料流变力学、理论流变力学等理论方法，对 CFRP-钢加固界面蠕变损伤破裂机理进行系统研究。研究方法如下：① 查阅相关文献及资料，总结国内外研究现状，提出研究方法；② 确定试验方案，准备试验仪器，制备钢板粗糙度 $R_s=0.341$、$R_s=0.767$、$R_s=1.665$、$R_s=2.346$，胶层厚度 t_a 为 0.5 mm、1.0 mm、1.5 mm、2.0 mm 的 CFRP-钢双剪切试件；③ 采用 MTS 力学试验机进行单轴拉伸试验、蠕变性能试验、循环加卸载试验，蠕变和循环试验加载方式采用分级增量加载方式，观察和记录三种不同加载方式下的试验数据，为理论分析和模型建立提供数据支持；④ 对上述试验结果进行总结和分析，得出 CFRP-钢加固界面的蠕变特性；

依据材料流变力学、损伤力学、理论流变力学等理论方法，建立 CFRP-钢加固界面的流变模型，推导其相应的本构方程、蠕变方程，利用试验数据对模型参数进行求解，得到模型参数随粗糙度 R_s 和胶层厚度 t_a 的变化规律。技术路线如图 1-16 所示。

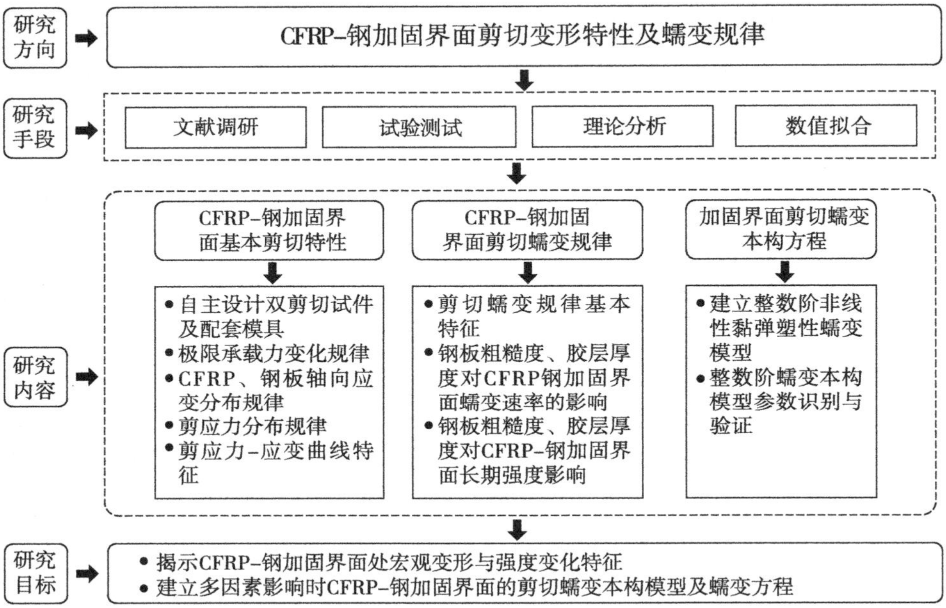

图 1-16　技术路线

1.5　主要创新点

基于上述研究内容，本书的创新点如下：

① 依据 CFRP-钢加固界面的受力及剪切变形特征，设计研制了基于传统电测技术的双剪切 CFRP-钢组合结构试样，建立了综合考虑试样钢板和 CFRP 板的测量应变与界面剪应变、剪应力关系表达式，实现了 CFRP-钢加固界面抗剪切特性的间接测定；测试得到了 CFRP-钢加固界面上剪应力与剪应变分布规律及剪应力-剪应变特性曲线及其随界面胶层厚度 t_a 及试样钢板粗糙度 R_s 的变化规律。

② 通过对 CFRP -钢加固界面的剪切蠕变特性试验，得到了不同应力水平下加固界面的蠕变时程曲线及蠕变速率特征，分析给出了 CFRP -钢加固界面剪切蠕变的长期强度特征，得到了加固界面的胶层厚度 t_a、钢板表面粗糙度 R_s 对 CFRP -钢加固界面剪切蠕变特性的影响规律。

③ 依据 CFRP -钢加固界面的剪切蠕变及失效模式特征，通过引入反映非线性加速蠕变特征的 NRC 元件模型，建立了综合考虑胶层厚度 t_a、钢板表面粗糙度 R_s 影响的 CFRP -钢加固界面剪切蠕变本构模型，并推导出相应的蠕变方程，蠕变模型与试验结果印证吻合。

2 CFRP-钢加固界面抗剪特性测试方法

如前所述，由于钢与 CFRP 材料的强度远高于结构胶，因而基于 CFRP 材料加固结构的承载能力及安全性等主要取决于其加固界面抗剪切特性，相关研究已有较多成果[11, 16, 20, 22, 82, 91]。与其他工程问题的研究类似，试验研究是 CFRP-钢加固界面抗剪性能的最直接、有效的手段之一。基于应变传感器的电测法[11, 114]作为经典的测试方法被众多学者优先考虑，具有技术成熟、方法简便、结果可靠等诸多特点。本章旨在依据 CFRP-钢加固界面剪切变形特征设计相应的试样结构，完善制备工艺，建立试样所测线应变量与剪应变量的关系等，具体包括：试件设计、试验参量选取、试验参量的测量方式与计算方法，实现 CFRP-钢加固界面剪应力、剪应变的有效测定，为其抗剪切性能的分析提供依据。

2.1 试样设计与制备

2.1.1 试样结构及组成

依据 CFRP 板-钢加固界面的变形与受力特征，将试样组件设计为：CFRP 板粘贴于上、下钢板表面的两侧位置，再借助结构胶 Araldite-2015 把钢板与 CFRP 板粘接为一体(上、下钢板间留有微小空隙)，如图 2-1 所示。其中：钢板的加宽部分为材料试验机上下夹头的夹持区域，用于给试样施加载荷；CFRP 板粘贴于上钢板的长度(40 mm)小于下钢板上的尺寸(80 mm)，确保加固界面的失效破坏发生在上钢板与 CFRP 板粘接区域内。图 2-2 为试件几何尺寸示意图，其中：图 2-2(a)为上、下钢板的几何尺寸；图 2-2(b)为 CFRP 板的几何尺寸。

容易看出，当试样上、下钢板的加持部分受拉力 F 作用时，钢板受力通过加固界面(胶层)的剪切变形传递给 CFRP 板，使 CFRP 板横截面呈受拉作用，而上、下钢板两侧则在胶层的剪切作用下呈现均匀拉伸变形。因此，可以采用电

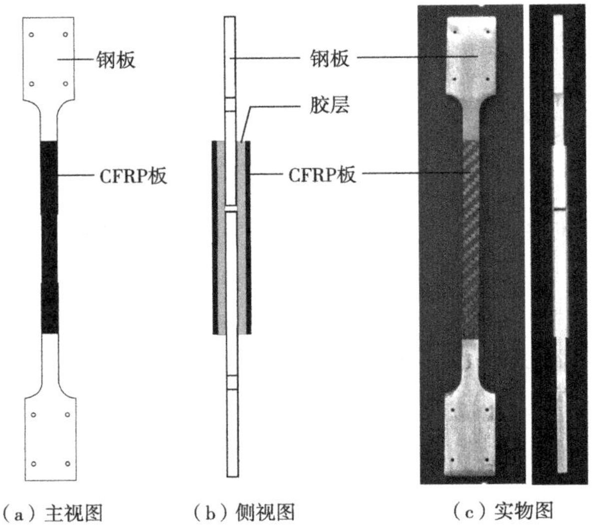

图 2-1　试样的结构组成示意图

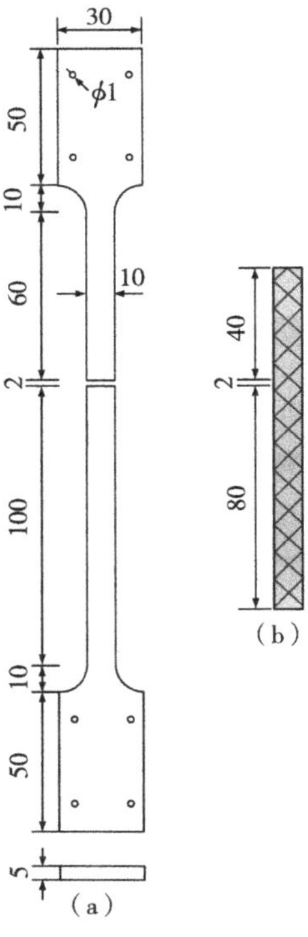

图 2-2　试样上、下钢板及 CFRP 板的几何尺寸示意图

测法方便地测取钢板及 CFRP 板沿轴向的变形，再借助 CFRP 板或钢板的平衡条件及变形几何关系求取加固界面剪应力及剪切变形的分布规律。

需要说明的是，为确保钢板在加持部分受拉力 F 时，组成试样的钢板和 CFRP 板的横截面呈简单受拉状态，要求试样满足：① 上、下钢板的轴线须同轴；② 上、下钢板的同一侧须同平面。否则会产生弯曲变形和扭转变形，从而严重影响测试结果。

2.1.2　试样材料及特性

上、下钢板采用热轧 Q235B 钢板，厚度为 5.0 mm，抗拉强度为 406 MPa，屈服强度为 256 MPa，弹性模量为 189 GPa；CFRP 板采用南京辰茂新材料科技有限公司生产的高强一级碳纤维板，厚度为 1.0 mm，抗拉强度≥2 100 MPa，弹性模量≥161.24 GPa，泊松比为 0.34；结构胶采用 Araldite－2015 双组份结构胶，质量混合比为 1∶1，玻璃化转化温度为 67 ℃，在 25 ℃室温下操作时间控制为 30～40 min，弹性模量≥2 GPa，剪切模量≥0.9 GPa。固化时间采用厂家提供的 40 ℃环境下养护 120 min。试样的材料及其主要力学性能见表 2－1。

表 2－1　试样的材料及其主要力学性能

材料类型	抗拉强度 /MPa	弹性模量 /GPa	屈服强度 /MPa	延伸率 /%
Q235B 钢板	406	189	256	27.2
CFRP 板	2 590	162	—	0.26
Araldite－2015	14.3	2.1	—	1.67

2.1.3　试样制备及工艺

2.1.3.1　辅助连接件设计

为满足试样上、下钢板的轴线须同轴和上、下钢板的同一侧须同平面的要求，在试样各部件的加工制备与粘接组合时，需要借助一些辅助连接件，包括：2 根辅助连接杆；4 块辅助连接板。图 2－3(a)、图 2－3(b)分别为辅助连接杆、辅助连接板的设计图，图 2－3(c)为辅助连接杆、连接板实物图。图 2－3(b)辅助连接板中 2 个孔与连接杆联、另外 4 个孔与上、下钢板夹持部分连接，确保试样上、下钢板的同轴与同平面的要求。辅助连接件采用聚四氟乙烯材制成，该材料自身具有较好的刚性，且对试样上、下钢板的约束作用到位；表面涂上脱模剂后，与胶层接触的部分容易脱模成型等优点。

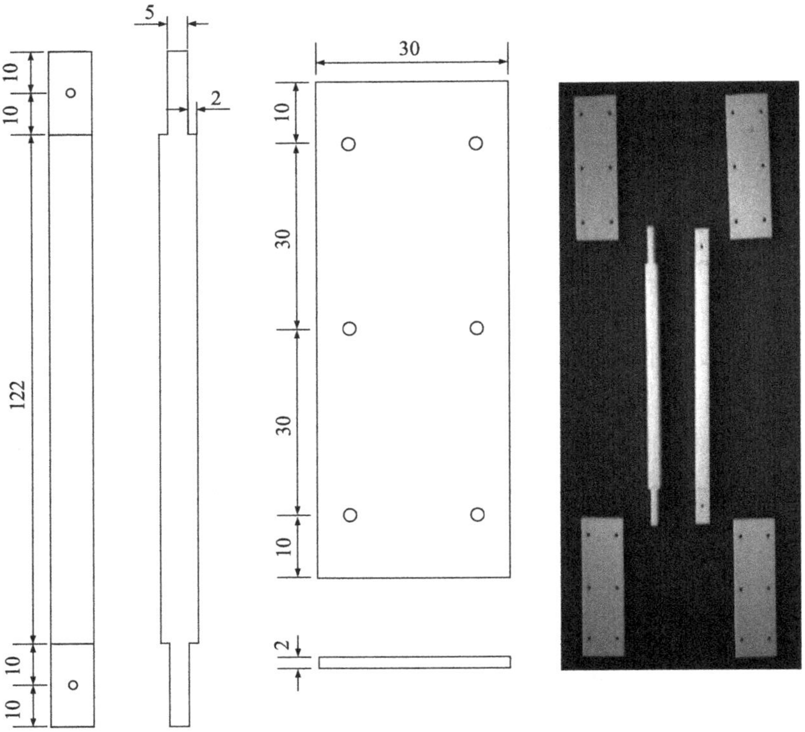

（a）辅助连接杆　（b）辅助连接板　（c）辅助连接部件的实物图

图 2-3　辅助连接部件的设计图及实物图

2.1.3.2　试样制作流程

① 按照设定的几何尺寸、材料特性、表面光洁度要求制作出试样的上、下钢板和 CFRP 板(2 片)。

② 将辅助连接杆(2 根)与辅助连接板(2 片)组构成如图 2-4(a)所示形态,然后,将试样的上、下钢板安装于辅助连接杆(2 根)与辅助连接板(2 片)形成的卡槽内,如图 2-4(b)所示。

③ 将另外的辅助连接板(2 片)与已有的辅助连接杆、试样上下钢板和辅助连接板借助于螺栓固定成一个整体,图 2-4(c)所示,此时可确保试样的上、下钢板位于同一轴线的同平面内。上、下钢板裸露的部分用于粘接 CFRP 板。图 2-4(d)为上、下钢板固定后的侧视图。

④ 在试样上、下钢板裸露部分的凹槽内(前、后两面),按照 Araldite-2015 结构胶的粘接工艺及技术要求,涂刷于指定厚度 t_a 的胶层,然后将已准备的

CFRP 板精准地粘接于上、下钢板上(前、后两面),如图 2-4(e)所示。

⑤ 将制作完成的试样(包含固定连接部件)按照指定养护要求(温度、湿度、时间)送入专用的养护箱,使加固界面(胶层)的强度、刚度等特性达到最优。试样养护完成后,将固定连接部件拆除脱模,最终试样如图 2-4(f)、图 2-5 所示。

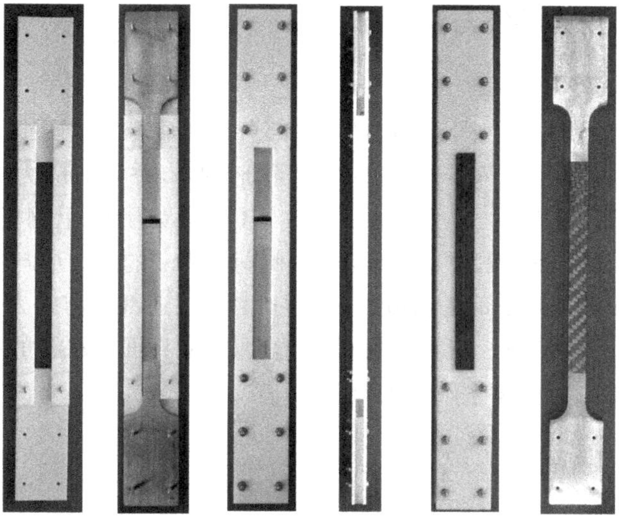

(a)　(b)　(c)　(d)　(e)　(f)

图 2-4　试样制作过程中各阶段状态示意

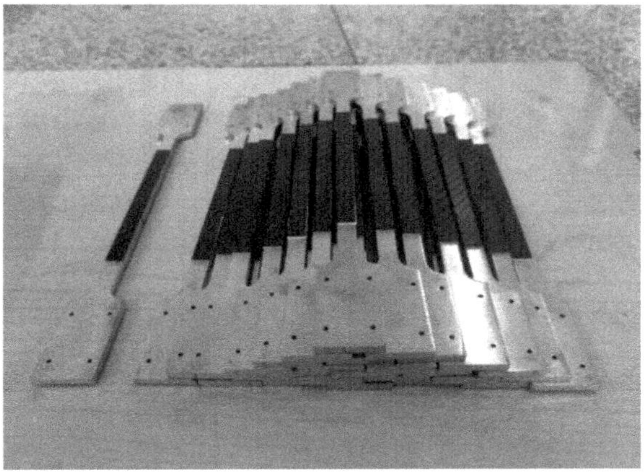

图 2-5　部分制作完成的试样照片

2.2 试验原理及方法

2.2.1 试样受力特征与测点布置

2.2.1.1 试样受力特征

如前所述，当试样上、下钢板的夹持部分施加荷载 F 作用后，CFRP 板与上、下钢板间的胶层发生轴向错动变形（剪切变形），并以剪应力 τ 的方式传递给两侧 CFRP 板，如图 2-6 所示。由图 2-6(b)容易看出：上钢板两侧剪应力 τ 的合力应与上端荷载 F 相平衡；下钢板两侧剪应力 τ 的合力应与下端荷载 F 相平衡；CFRP 板上部与下部的剪应力 τ 方向相反，且上部的剪应力 τ 合力应与下部剪应力 τ 合力相平衡。随着荷载 F 的增大，加固界面（胶层）的剪切变形不断加剧，最终在加固界面发生破裂失效。

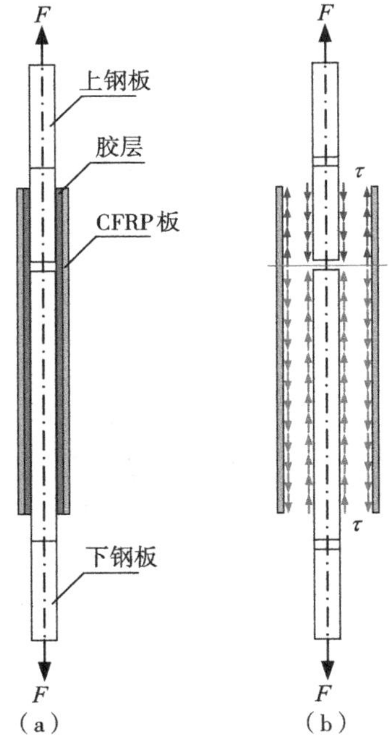

图 2-6 试样及各部件受力分析

由于 CFRP 板与上钢板的粘接长度仅为 CFRP 板与下钢板的粘接长度的 1/2，依据 CFRP 板的平衡条件，显然有 CFRP 板上部的剪应力 τ 大于 CFRP 板下部的剪应力 τ，因而加固界面的破裂失效首先发生在 CFRP 板上部，即 CFRP 板与上钢板的粘接区域决定试样承载能力，是制约试样加固界面剪切变形演化、破裂的特征区域，即为本论文关注的测点布置区域。

2.2.1.2 试样测点布置

依据试样的受力特征及破裂失效区域的预测，确定上钢板上与 CFPR 板粘接区域为测点布置区域，如图 2-7(a)所示，图 2-7(b)为测点布置区域的放大图，具体如下：① 位于试样前后 CFRP 板上等间距分别布置 5 个应变片，用于测量 CFRP 板沿轴向的线应变 ε_f 分布及随荷载的变化规律。② 位于该区域上钢板两侧沿轴向分别布置 5 个应变片，其相互间距与 CFRP 板应变片的位置对应，用于测量该区域上钢板的轴向线应变 ε_s 分布。图 2-7(c)为粘贴完成应变片的待测试样实物照片。

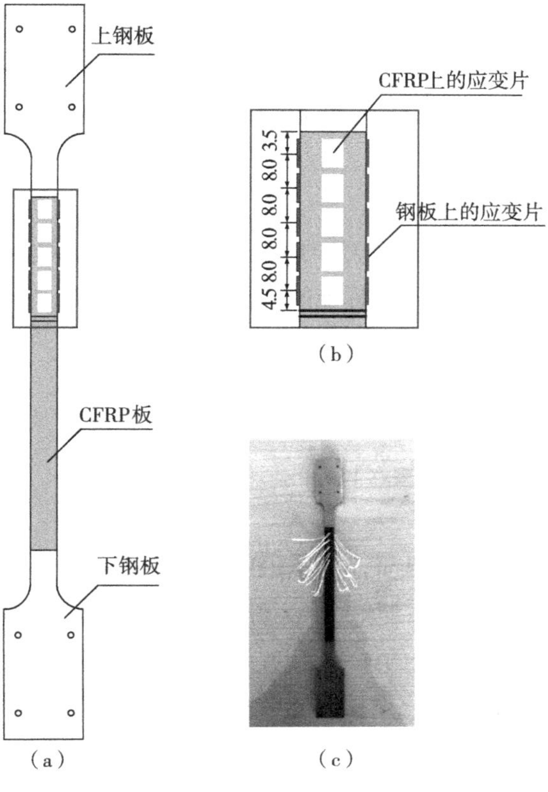

图 2-7 试样测点布置示意图

2.2.2 试样测试方法与测试过程

2.2.2.1 测试设备及功能

(1) 荷载施加及控制系统

试样荷载的施加主要借助徐州工程学院力学实验中心提供的美国 MTS 公司微机控制电子万能试验系统(型号:E44.304),如图 2-8 所示。其主要技术指标及功能如下所述。

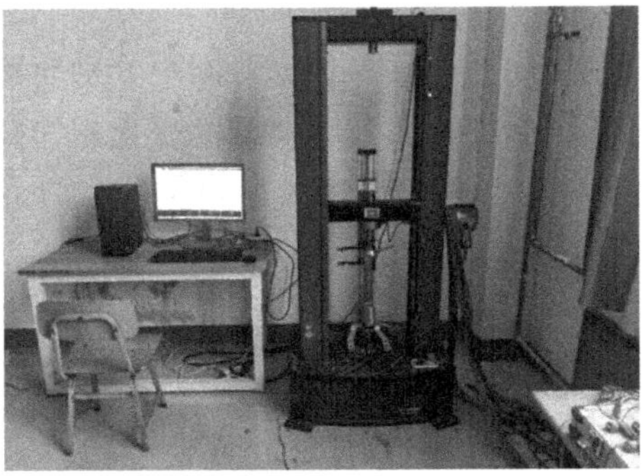

图 2-8 MTS 微机控制电子万能试验系统

① 额定力值: 20 kN;

② 试验机精度:在 1%~100%的范围内,力值精度满足 0.5 级;

③ 满足 IEEE 1451.4 工业标准的 TEDS 自识别功能;

④ 位移分辨率:0.000 036 mm;

⑤ 立柱宽度: 400 mm;

⑥ 标准行程:1 150 mm;

⑦ 采样频率:单通道 1 000 Hz;

⑧ 分辨率:20 bit;

⑨ 支持多语言的测试界面,可采用图形拖拉来设计试验流程。

该系统在本试验中可方便地实现:荷载控制与位移加载方式的随时切换,有效捕捉试样失效破坏过程的详细信息;系统的荷载保持功能可进行分级加载蠕变测量;加载方式的程序化编程功能可实现加载过程的自动控制。

(2) 应变采集与分析系统

试样的应变测量与分析采用东华测试股份有限公司研制的 DH3816N 静态

应力应变测试分析系统，如图 2-9 所示。其主要技术指标及功能如下所述。

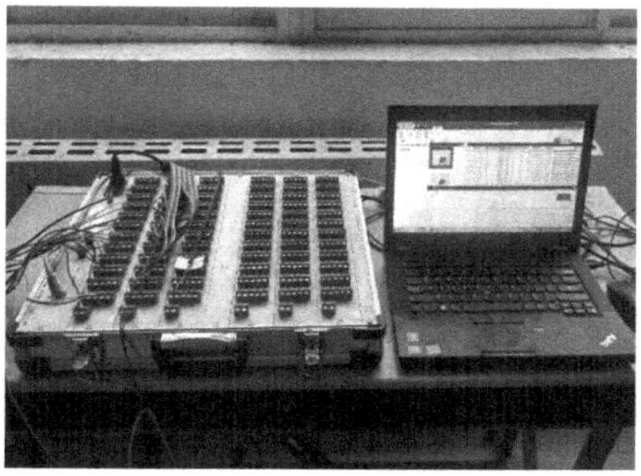

图 2-9 静态应力应变测试分析系统

① 测量通道：64；

② 采样速率：200 Hz、100 Hz、50 Hz、20 Hz、10 Hz 五种频率可选；

③ 应变片灵敏度系数：1.0～3.0 自动修正；

④ 桥路方式：1/4 桥(三线制自补偿)、1/4 桥(公共补偿)、半桥、全桥；

⑤ 适用应变片电阻值：1/4 桥(三线制自补偿)：120 Ω；

⑥ 测量应变范围：±60 000 $\mu\varepsilon$；

⑦ 最高分辨率：0.1 $\mu\varepsilon$；

⑧ 自动平衡范围：±30 000 $\mu\varepsilon$；

⑨ 通信方式：100 M 以太网、无线 Wi-Fi。

采用该系统进行实验可实现各测点应变等物理量的同步自动采集、记录与分析。

2.2.2.2 测试方法及流程

由于 CFRP-钢加固界面的剪应力 τ 与剪切变形无法直接测量，所以只能借助试样钢板和 CFRP 板上轴向线应变 ε_s、ε_f 的测量值，结合加固界面剪切变形与 ε_s、ε_f 的几何关系及 CFRP 板的平衡条件得到加固界面的剪应变 γ_a 与剪应力 τ_a，即剪应力 τ_a 与剪应变 γ_a 为间接测量结果。图 2-10 为 CFRP-钢加固界面剪切变形的测量系统。具体试验步骤如下所述。

① 按照指定的技术要求完成试样部件制备、试样的组装及养护等工作；

② 依据测点布置的要求完成测点应变片的粘贴，并检查应变片的有效性，确保各测点应变片能准确传递应变；

③ 将准备好的试样安装于试验系统的上下夹头间，并将试样上各测点的应

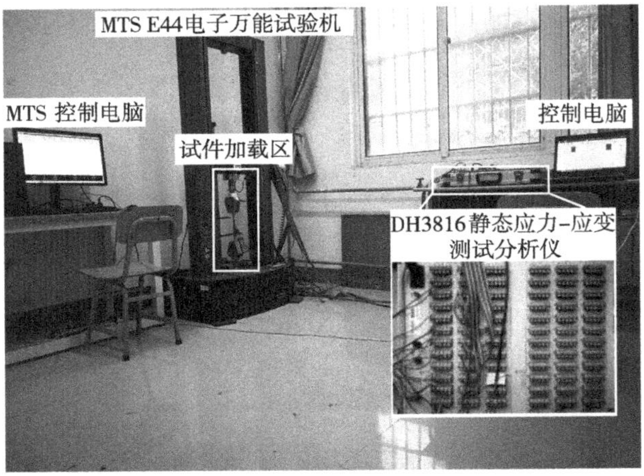

图 2-10　CFRP-钢加固界面剪切变形测试系统

变片引线接入应力应变测试分析系统；

④ 按照预先设置的加载控制程序让试验机启动加载，同时让应力应变测试分析系统启动应变采集与分析程序，记录下测试全过程中荷载与测点应变的原始信息，以备下一步分析研究；

⑤ 将测试得到的原始荷载与线应变信息，依据试样加固界面受力与变形特征，求取其剪应力 τ_a 与剪应变 γ_a，并分析其分布特征、变形破裂机制、蠕变规律、循环荷载效应等。

2.2.3　加固界面剪应力分析方法

图 2-11 给出了试件受拉力 F 作用下，试件微元 dx 的受力状态。

在图 2-11 中：$\sigma_s(x)$为钢板横截面上的正应力；$\sigma_f(x)$为 CFRP 板横截面上的正应力；$\tau_a(x)$为钢板与 CFRP 板间的剪应力。依据试件微元 dx 的平衡条件，容易求取 $\tau_a(x)$与 $\sigma_s(x)$和 $\sigma_f(x)$关系。

2.2.3.1　*方法 1*

取 CFRP 板微元 dx 分析，由 CFRP 板微元在 x 方向的平衡，得：

$$[\sigma_f(x)+d\sigma_f(x)]h_f t_f-\sigma_f(x)h_f t_f+\tau_a(x)h_f dx=0 \tag{2-1}$$

化简得：

$$\tau_a(x)dx=-t_f d\sigma_f(x) \tag{2-2}$$

式(2-1)和式(2-2)中，t_f 为 CFRP 板的厚度；h_f 为 CFRP 板的宽度。

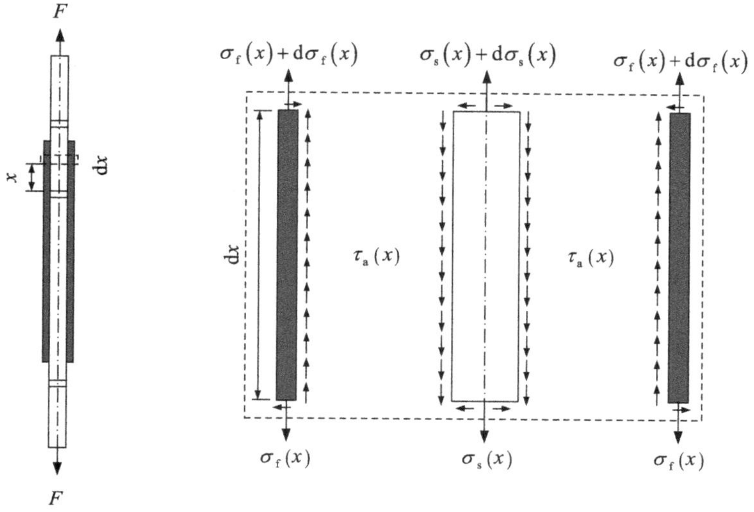

图 2-11　试件微元体应力状态

考虑到 CFRP 板处于弹性变形状态，假设在位置 x 处的线应变为 $\varepsilon_f(x)$，则有：

$$\sigma_f(x)=E_f\varepsilon_f(x) \tag{2-3}$$

式中，E_f 为 CFRP 板的弹性模量。将式(2-3)代入式(2-2)可得：

$$\tau_a(x)\mathrm{d}x=-t_fE_f\mathrm{d}\varepsilon_f(x) \tag{2-4}$$

将式(2-4)改写为：

$$\tau_a(x)=-t_fE_f\frac{\mathrm{d}\varepsilon_f(x)}{\mathrm{d}x} \tag{2-5}$$

式中，负号表示 $\varepsilon_f(x)$随坐标 x 的增大而减小。

设在测试区域的 CFRP 板的 x 方向上布置 n 个应变片，分别测得第 i 个和第 $i+1$ 个应变片的线应变值为 $\varepsilon_{fi}(x)$、$\varepsilon_{fi+1}(x)$，则两应变中点的剪应力 $\tau_a\left(\frac{x_{i+1}-x_i}{2}\right)$ 近似为：

$$\tau_a\left(\frac{x_{i+1}-x_i}{2}\right)=E_ft_f\frac{\varepsilon_{fi}-\varepsilon_{fi+1}}{x_{i+1}-x_i} \tag{2-6}$$

式中，x_i、x_{i+1} 分别为第 i 个和第 $i+1$ 个应变片的 x 坐标。

表明：若测得各点的 $\varepsilon_{ci}(x)(i=1,2,\cdots,n)$，则可由式(2-6)求得 CFPR-钢加固界面上的剪应力 $\tau_a(x)$的分布规律。

2.2.3.2　方法 2

对于加固界面的剪应力，除了可借助 CFRP 板上的应变测量求得外，也可由中间钢板上 x 方向的线应变测量值求取。如图 2-12 所示，取钢板微元 $\mathrm{d}x$ 分析，由钢板微元在 x 方向的平衡，得：

$$[\sigma_s(x)+\mathrm{d}\sigma_s(x)]ht_s-\sigma_s(x)ht_s-\tau_a(x)h\mathrm{d}x=0 \tag{2-7}$$

化简得：

$$\tau_a(x)\mathrm{d}x=\frac{1}{2}t_s\mathrm{d}\sigma_s(x) \tag{2-8}$$

式中，t_s 为钢板的厚度；h 为钢板的宽度。

考虑到钢板处于弹性变形状态，假设在位置 x 处的线应变为 $\varepsilon_s(x)$，则有：

$$\sigma_s(x)=E_s\varepsilon_s(x) \tag{2-9}$$

式中，E_s 为钢板的弹性模量。

将式(2-8)代入式(2-7)可得：

$$\tau_a(x)\mathrm{d}x=\frac{1}{2}t_sE_s\mathrm{d}\varepsilon_s(x) \tag{2-10}$$

将式(2-10)改写为：

$$\tau_a(x)=\frac{1}{2}t_sE_s\frac{\mathrm{d}\varepsilon_s(x)}{\mathrm{d}x} \tag{2-11}$$

设在测试区域钢板的 x 方向上布置 n 个应变片，分别测得第 i 个和第 $i+1$ 个应变片的线应变值为 $\varepsilon_{si}(x)$、$\varepsilon_{si+1}(x)$，则两应变中点的剪应力 $\tau_a\left(\frac{x_{i+1}-x_i}{2}\right)$ 近似为：

$$\tau_a\left(\frac{x_{i+1}-x_i}{2}\right)=E_st_s\frac{\varepsilon_{si+1}-\varepsilon_{si}}{x_{i+1}-x_i} \tag{2-12}$$

式中，x_i、x_{i+1} 分别为第 i 个和第 $i+1$ 个应变片的 x 坐标。

表明：若测得各点的 $\varepsilon_{si}(x)(i=1,2,\cdots,n)$，则可由式(2-12)同样求得 CFRP-钢加固界面上的剪应力 $\tau_a(x)$ 的分布规律。

式(2-6)和式(2-12)给出了分别基于 CFRP 板的轴向线应变 $\varepsilon_{fi}(x)$、钢板轴向线应变 $\varepsilon_{si}(x)$ 的 CFRP-钢加固界面剪应力 $\tau_a(x)$ 的间接测量公式。需要指出的是，如果将式(2-6)和式(2-12)分析结果取其几何均值，可有助于改善测试误差，提高测试精度。

2.2.4　加固界面剪应变分析方法

为了便于分析 CFRP-钢加固界面的变形机制，在距上钢板下端 x 处取一微面积，如图 2－12(a)中虚线框所示，并将其放大成图 2－12(b)。对图 2－12(b)，在 x 位置横截面处选取两点：A_s、A_f，其中：A_s 点位于加固界面与钢板的交界处；A_f 点位于加固界面与 CFRP 板的交界处。当试样受拉力 F 作用后，A_s 点沿 x 方向产生位移 $u_s(x)$ 至 A_s'点，而 A_f 点沿 x 方向产生位移 $u_f(x)$ 至 A_f'点。设 A_f 点相对于 A_s 点沿 x 方向的相对位移 $\Delta u(x)$ 为：

$$\Delta u(x)=u_f(x)-u_s(x) \tag{2-13}$$

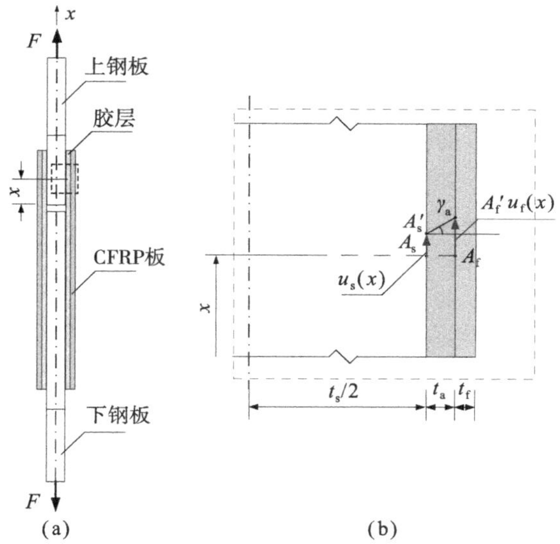

图 2－12 CFRP-钢加固界面剪切变形分析示意图

考虑到 CFRP-钢加固界面(胶层)很薄，于是可认为加固界面沿横向(沿胶层厚度 t_a 方向或垂直 x 方向)剪应变均匀分布，则位置 x 处胶层的剪应变 $\gamma_a(x)$ 为：

$$\gamma_a(x)=\frac{\Delta u(x)}{t_a}=\frac{u_f(x)-u_s(x)}{t_a} \tag{2-14}$$

式中，t_a 为加固界面(胶层)的厚度。

表明：若已知 $u_f(x)$、$u_s(x)$则可由式(2－14)方便求得加固界面的剪应变 $\gamma_a(x)$。

设任意位置 x 处加固界面钢板侧和 CFRP 板侧沿 x 方向的线应变分别为 $\varepsilon_s(x)$、$\varepsilon_f(x)$，依据位置 x 处变形位移与线应变的关系，则两侧的位移 $u_s(x)$、$u_f(x)$分别可以由如下式确定：

$$u_s(x)=\int_0^x \varepsilon_s(x)\mathrm{d}x \tag{2-15}$$

$$u_f(x)=\int_0^x \varepsilon_f(x)\mathrm{d}x \tag{2-16}$$

为了建立 CFRP-钢加固界面的剪应变 $\gamma_a(x)$ 与所测试样轴向(x 方向)的线应变 $\varepsilon_s(x)$、$\varepsilon_f(x)$ 的关系，这里将式(2-15)和式(2-16)积分式改用近似和式表示，有

$$u_s\left(\frac{x_i+x_{i+1}}{2}\right)=\frac{\varepsilon_s(x_2)+\varepsilon_s(x_1)}{2}(x_2-x_1)+\frac{\varepsilon_s(x_3)+\varepsilon_s(x_2)}{2}(x_3-x_2)+\cdots+\frac{\varepsilon_s(x_{i+1})\varepsilon_s(x_i)}{2}(x_{i+1}-x_i)=\frac{1}{2}\sum_{k=1}^{i}[\varepsilon_s(x_{k+1})+\varepsilon_s(x_k)](x_{k+1}-x_k) \tag{2-17}$$

$$u_f\left(\frac{x_i+x_{i+1}}{2}\right)=\frac{\varepsilon_f(x_2)+\varepsilon_f(x_1)}{2}(x_2-x_1)+\frac{\varepsilon_f(x_3)+\varepsilon_f(x_2)}{2}(x_3-x_2)+\cdots+\frac{\varepsilon_f(x_{i+1})\varepsilon_f(x_i)}{2}(x_{i+1}-x_i)=\frac{1}{2}\sum_{k=1}^{i}[\varepsilon_f(x_{k+1})+\varepsilon_f(x_k)](x_{k+1}-x_k) \tag{2-18}$$

将式(2-17)和式(2-18)代入式(2-14)，得点 x_i、x_{i+1} 中点的剪应变为：

$$\gamma_a\left(\frac{x_i+x_{i+1}}{2}\right)=\frac{1}{2t_a}\sum_{k=1}^{i}\{[\varepsilon_f(x_{k+1})-\varepsilon_s(x_{k+1})]-[\varepsilon_f(x_k)-\varepsilon_s(x_k)]\}(x_{k+1}-x_k) \tag{2-19}$$

式中，$\varepsilon_f(x_i)$、$\varepsilon_s(x_i)$($i=1,2,\cdots,n$)分别为点 x_i 点处 CFRP 板和钢板上的测量应变值。

式(2-19)表明：只要测得 CFRP 板、钢板沿轴向线应变$\varepsilon_f(x_i)$、$\varepsilon_s(x_i)$，则可方便地分析得到 CFRP-钢加固界面的剪应变 γ_a。式(2-19)即为 CFRP-钢加固界面剪应变 γ_a 的间接测量原理表达式。

2.3 试验参量及控制

现有研究表明，胶层材料性能是影响 CFRP-钢加固界面抗剪切性能的重要因素，许多学者围绕胶层材料进行了研究[100-101]，取得了大量富有突破性成果，为钢结构的加固工程提供了重要的理论与技术支撑。事实上，钢结构加固

工程中，加固区域表面状况（如粗糙度、氧化锈蚀度等）、涂刷胶层厚度 t_a 也是影响 CFRP-钢加固界面抗剪切性能的两个重要因素。对于钢结构表面氧化锈蚀，容易通过打磨消除。因此，本书着重探讨钢结构表面粗糙度 R_s 及胶层厚度 t_a 对加固界面抗剪切特性及剪切蠕变规律的影响。

2.3.1 试样钢板表面粗糙度

工程中衡量钢板表面粗糙状况通常定性为四个等级，按照粗糙度 R_s 由小到大分为镜面、细拉丝、哑光、粗拉丝，分别由专用的车床及打磨抛光工艺实现。一般地，若钢结构表面越光滑，粗糙度 R_s 越小，胶与钢表面的黏接性能越差，界面的抗剪切能力越弱；反之，钢结构表面越粗糙，胶与钢表面的黏接性能则越好，抗剪切能力越强。然而，需要指出的是，当钢结构表面粗糙度 R_s 达到一定值后，其抗剪切能力增强速度迅速减慢，甚至停止。为了定量研究钢板表面粗糙度 R_s 对 CFRP-钢加固界面抗剪能力的影响，这里选择工程中普遍应用的四个等级钢板，借助专用的 SJ-Z10 表面粗糙度检测仪进行测定，冠以相应的表面粗糙度 R_s 值。具体做法是：将加工制作完成的 4 种粗糙度 R_s 的钢板，每种随机取 3 块，每块钢板随机布置 3 个测点，测取其 R_s 值。表 2-2 给出了 4 种试样钢板表面粗糙度值 R_s 检测结果。

由表 2-2 可知，依据工程中钢板表面粗糙度的四个等级，分别对应的粗糙度 R_s 均值 R_{savg} 为：镜面，$R_{savg}=0.341$；细拉丝，$R_{savg}=0.767$；哑光，$R_{savg}=1.665$；粗拉丝，$R_{savg}=2.346$。本书中将依据钢板表面粗糙度 $R_s=0.341$、$R_s=0.767$、$R_s=1.665$、$R_s=2.346$ 四种情况研究粗糙度 R_s 对 CFRP-钢加固界面抗剪切特性的影响。

表 2-2 试样钢板表面粗糙度值 R_s 检测结果

打磨程度	试样编号	R_s			R_{savg}
		测点 1	测点 2	测点 3	
镜 面	1	0.445	0.329	0.272	0.341
	2	0.280	0.467	0.293	
	3	0.329	0.296	0.356	
细拉丝	1	0.835	0.823	0.696	0.767
	2	0.748	0.823	0.731	
	3	0.663	0.816	0.765	

表2-2(续)

打磨程度	试样编号	R_s			R_{savg}
		测点 1	测点 2	测点 3	
哑　光	1	1.632	1.502	1.853	1.665
	2	1.796	1.413	1.502	
	3	1.762	1.698	1.826	
粗拉丝	1	2.461	2.393	2.626	2.346
	2	2.061	2.555	2.345	
	3	2.142	2.138	2.393	

为了解工程上 4 种粗糙度 R_s 钢板表面宏观特征，在每种钢板上随机取一点拍照并放大 50 倍，得到图 2-13 所示的镜面、哑光、细拉丝、粗拉丝 4 种钢板表面特征的视觉效果图，可以看到，4 种钢板表面粗糙状况具有较为明显的差异。

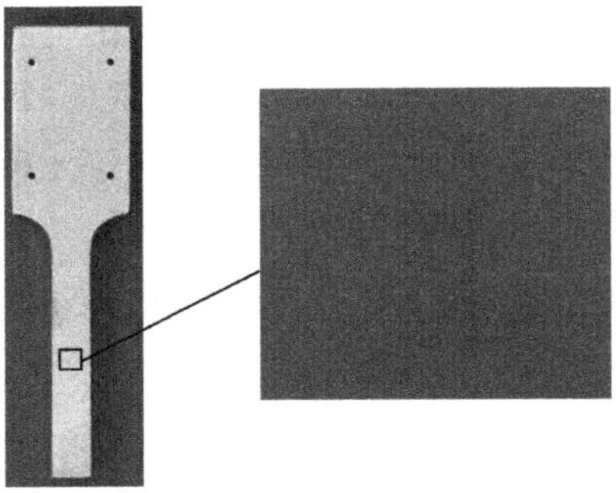

（a）镜面（R_{savg}=0.341）

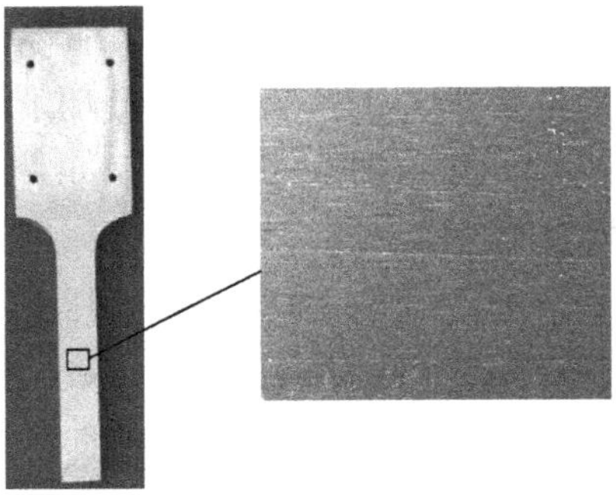

（b）细拉丝（R_{savg}=0.767）

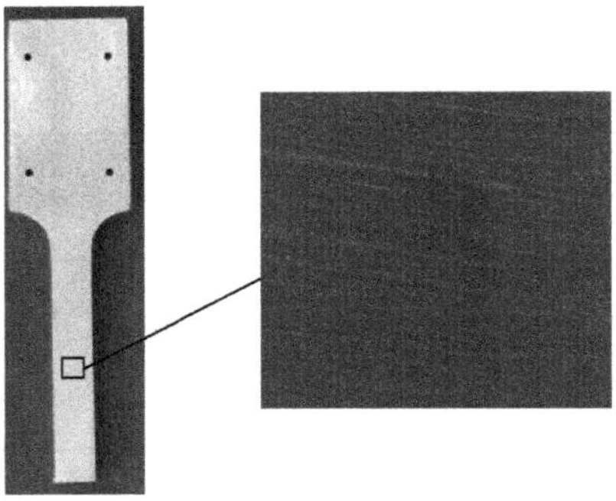

（c）哑光（R_{savg}=1.665）

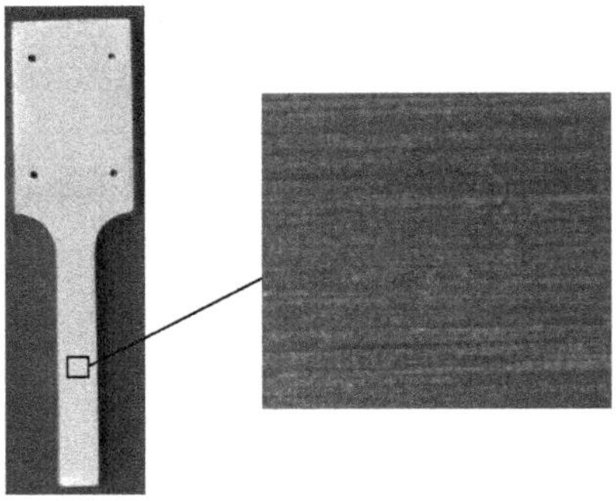

（d）粗拉丝（R_{savg}=2.346）

图 2-13　不同粗糙度 R_s 下试样钢板表面视觉效果(×50 倍)

2.3.2 加固界面的胶层厚度

2.3.2.1 试样胶层厚度 t_a 的确定

胶层厚度 t_a 对于 CFRP-钢加固界面的抗剪切性能的影响也是不难预见的，事实上，若胶层太薄(即 t_a 太小)，钢板与 CFRP 板的黏结性能难以保证，从而影响加固界面的抗剪切特性；若胶层太厚(即 t_a 太大)，加固界面的胶层除了主要为剪切变形外，会伴随产生一定程度的弯曲变形，从而会影响加固界面的抗剪切特性。因此，研究胶层厚度 t_a 对加固界面的抗剪切性能的影响具有较重要的理论意义及工程应用价值，可为 CFRP-钢加固工程的施工工艺确定提供依据。

依据目前工程常用的胶层厚度($t_a \approx 1.0$ mm)状况，这里取试样的胶层厚度参量 $t_a = 0.5$ mm、1.0 mm、1.5 mm、2.0 mm，研究胶层厚度参量 t_a 对 CFRP-钢加固界面的抗剪切性能的影响规律。

2.3.2.2 试样胶层厚度 t_a 的控制

胶层厚度 t_a 对于 CFRP-钢加固界面黏结性能有一定影响，在试件制作过程中胶层厚度 t_a 的控制具有一定难度，有学者[114]采用正常涂胶然后养护完成后用实测的方法来测得胶层厚度 t_a，该方法对形成变量梯度时有一定困难。文献[22]采用制作精加工垫块，放置在 CFRP 板两侧，可较好地控制胶层厚度 t_a。本书基于浇筑混凝土时支模板的思想，将 CFRP 板四周采用聚四氟乙烯条围一圈形成模板，刷胶时将胶层填满模板，然后粘贴 CFRP 板并进行按压，再将多余胶挤出，可以较为准确地控制和实现设定胶层厚度 t_a 试样的制作。

2.4 本章小结

本章主要研究了 CFRP-钢加固界面抗剪切性能测试方法，包括：试样结构与材料设计、试验方法与手段的确定、所测线应变量与 CFRP-钢加固界面剪应变、剪应力的关系建立和 CFRP-钢加固界面抗剪切能力的影响因素分析等，为 CFRP-钢加固界面剪切变形机制及破坏规律的研究提供重要支撑。本章主要工作及结论如下：

① 研发了基于传统电测技术的 CFRP-钢加固界面抗剪切性能间接测试方法。设计研制了一种基于传统电测技术的双剪切组合结构试样，通过对试样中

钢板与 CFRP 板的轴向线应变测量，结合 CFRP-钢加固界面剪切变形与所测线应变的关系，有效地实现了 CFRP-钢加固界面剪应力与剪应变的间接测量。

② 通过对 CFRP-钢加固界面剪切变形的几何分析，建立了试样钢板与 CFRP 板的轴向线应变(ε_s、ε_f)与加固界面剪应变 γ_a 的表达式，同时，推导给出了基于轴向线应变(ε_s、ε_f)的加固界面剪应力 τ_a 的表达式，奠定了 CFRP-钢加固界面剪切变形间接测量的基础。

③ 依据 CFRP-钢加固界面的受力与变形特征，制定了专用的试样设计与制作流程，确保试样测试区域的钢板和 CFRP 板主要变形为轴向拉伸、加固界面(胶层)的主要变形为沿轴向的剪切变形。

④ 在分析影响 CFRP-钢加固界面抗剪切性能主要因素的基础上，确立了试样钢板表面粗糙度 R_s 和加固界面胶层厚度 t_a 为主要参量，用于研究 CFRP-钢加固界面抗剪切性能随 R_s 和 t_a 的变化规律。测试表征了工程上常用 4 种级别粗糙度钢板对应的 R_{savg} 值分别为 0.341、0.767、1.665、2.346。参考目前 CFRP-钢加固工程中采用的胶层厚度($t_a \approx 1.0$ mm)，确定 $t_a = 0.5$ mm、1.0 mm、1.5 mm、2.0 mm 四种情形作为 t_a 参量的变化范围，同时给出了试样制作时确保 4 种胶层厚度 t_a 的方法。

3 CFRP-钢加固界面的抗剪切变形性能

采用 CFRP 加固钢结构时，外荷载主要通过胶层从既有钢结构构件传递到 CFRP，CFRP-钢加固界面在加固过程中受剪切变形作用。CFRP-钢加固界面在剪切作用下安全可靠与否决定了结构整体加固效果。研究 CFRP-钢加固界面在静载作用下的抗剪切特性是 CFRP 加固钢结构设计的基础，同时也是后续研究 CFRP-钢加固界面蠕变规律及长期强度的依据。本章借助前文设计的 CFRP-钢双剪切试样及测试方法，系统研究 CFRP-钢加固界面的抗剪切特性，包括：CFRP-钢加固界面上剪应力与剪应变分布特征；CFRP-钢加固界面的剪切强度特征；钢板表面的粗糙度 R_s、加固界面胶层厚度 t_a 对 CFRP-钢加固界面抗剪切特性、破坏特征的影响等，也为后续 CFRP-钢加固界面蠕变规律研究中分级加载荷载的确定提供依据。

3.1 CFRP-钢加固界面的抗剪特性试验

3.1.1 试验流程

CFRP-钢加固界面的抗剪切变形及强度特性研究，主要借助第 2 章 CFRP-钢双剪切试样的静力加载试验来实现。具体测试流程如下。

① 将试样的夹持部分安装于试验机的上、下夹头之间，然后对其实施缓慢加载（设置加载速率为 0.05 mm/s）直至试样在 CFRP-钢加固界面处失效破坏，并记录下试样的极限承载力 P_k、极限位移 D_k 等；

② 在试样加载的同时，由动态应变测量系统采集记录下试样 CFRP 板和钢板上各设定测点的线应变，并分析其沿试样轴向变化规律；

③ 借助第 2 章研发的 CFRP-钢加固界面剪应变、剪应力分析方法，分析并给出 CFRP-钢加固界面剪应变、剪应力的分布规律；

④ 观测试样在加固界面的破坏特征，探究 CFRP-钢加固界面剪切失效的宏观机制。

3.1.2 试验方案

为了研究试样钢板表面粗糙度 R_s 和加固界面胶层厚度 t_a 对 CFRP-钢加固界面剪切应变特性的影响规律，分别设置：钢板表面粗糙度 R_s 为 0.341、0.767、1.665、2.346 四种情况；加固界面胶层厚度 t_a 为 0.5 mm、1.0 mm、1.5 mm、2.0 mm 四种情况；每种情况测试 3 个有效试样，并将其测试结果极限承载力 P_k、钢板的轴向线应变 ε_s、CFRP 板的轴向线应变 ε_f 取几何平均作为最终结果。具体 CFRP-钢加固界面抗剪切特性试验方案见表 3-1。

表 3-1 CFRP-钢加固界面抗剪切特性试验方案

试样编号	R_s	t_a/mm	P_k/kN	ε_s	ε_f
LS.0.5.J	0.341	0.5	√	√	√
LS.0.5.X	0.767	0.5	√	√	√
LS.0.5.Y	1.665	0.5	√	√	√
LS.0.5.C	2.346	0.5	√	√	√
LS.1.0.J	0.341	1.0	√	√	√
LS.1.0.X	0.767	1.0	√	√	√
LS.1.0.Y	1.665	1.0	√	√	√
LS.1.0.C	2.346	1.0	√	√	√
LS.1.5.J	0.341	1.5	√	√	√
LS.1.5.X	0.767	1.5	√	√	√
LS.1.5.Y	1.665	1.5	√	√	√
LS.1.5.C	2.346	1.5	√	√	√
LS.2.0.J	0.341	2.0	√	√	√
LS.2.0.X	0.767	2.0	√	√	√
LS.2.0.Y	1.665	2.0	√	√	√
LS.2.0.C	2.346	2.0	√	√	√

表 3-1 中试样编号的含义与第 2 章中类似，即：首字符 LS 表示试样进行静态拉伸试验；数字 0.5、1.0、1.5、2.0 分别对应加固界面胶层厚度 t_a=0.5 mm、t_a=1.0 mm、t_a=1.5 mm、t_a=2.0 mm；字母 J、X、Y、C 分别对应钢板表面粗糙度 R_s=0.341、R_s=0.767、R_s=1.665、R_s=2.346。

3.2 试样的极限承载力及影响因素

3.2.1 试样极限承载力的变化特征

表 3-2 给出了各试样极限承载力 P_k 测试结果,同时给出了同一种试样极限承载力的平均值 P_{kavg} 及其相对误差 δ_k。从表 3-2 可以看到:试样的极限承载力 P_k、极限承载力平均值 P_{kavg} 与钢板表面粗糙度 R_s、加固界面胶层厚度 t_a 密切相关;表中各试样极限承载力 P_k 测试结果的相对误差 δ_k 均小于 9.0%,表明测试结果的有效性。

表 3-2 试样极限承载力 P_k 的测试结果

试样编号	P_k/kN	P_{kavg}/kN	δ_k/%
LS. 0. 5. J-1	7. 42		4. 75
LS. 0. 5. J-2	8. 26	7. 79	6. 03
LS. 0. 5. J-3	7. 69		1. 28
LS. 0. 5. X-1	11. 03		1. 69
LS. 0. 5. X-2	10. 67	11. 22	4. 90
LS. 0. 5. X-3	11. 96		6. 60
LS. 0. 5. Y-1	11. 75		4. 23
LS. 0. 5. Y-2	13. 12	12. 27	6. 93
LS. 0. 5. Y-3	12. 03		1. 96
LS. 0. 5. C-1	13. 18		7. 31
LS. 0. 5. C-2	14. 37	14. 22	1. 05
LS. 0. 5. C-3	15. 11		6. 26
LS. 1. 0. J-1	9. 78		1. 31
LS. 1. 0. J-2	9. 86	9. 91	0. 50
LS. 1. 0. J-3	10. 09		1. 82
LS. 1. 0. X-1	12. 98		4. 91
LS. 1. 0. X-2	14. 21	13. 65	4. 10
LS. 1. 0. X-3	13. 76		0. 81

表3-2(续)

试样编号	P_k/kN	P_{kavg}/kN	δ_k/%
LS. 1. 0. Y-1	13.98	14.61	4.31
LS. 1. 0. Y-2	14.86		1.71
LS. 1. 0. Y-3	14.99		2.60
LS. 1. 0. C-1	15.52	15.56	0.26
LS. 1. 0. C-2	15.39		1.09
LS. 1. 0. C-3	15.77		1.35
LS. 1. 5. J-1	6.78	7.12	4.78
LS. 1. 5. J-2	7.21		1.26
LS. 1. 5. J-3	7.37		3.51
LS. 1. 5. X-1	8.71	8.93	2.46
LS. 1. 5. X-2	8.34		6.61
LS. 1. 5. X-3	9.74		9.07
LS. 1. 5. Y-1	8.69	9.19	5.44
LS. 1. 5. Y-2	9.26		0.76
LS. 1. 5. Y-3	9.62		4.68
LS. 1. 5. C-1	9.55	9.87	3.24
LS. 1. 5. C-2	9.68		1.93
LS. 1. 5. C-3	10.38		5.17
LS. 2. 0. J-1	6.23	6.59	5.46
LS. 2. 0. J-2	7.15		8.50
LS. 2. 0. J-3	6.39		3.03
LS. 2. 0. X-1	7.35	7.83	6.13
LS. 2. 0. X-2	7.96		1.66
LS. 2. 0. X-3	8.18		4.47
LS. 2. 0. Y-1	8.63	8.76	1.48
LS. 2. 0. Y-2	8.19		6.51
LS. 2. 0. Y-3	9.46		7.99
LS. 2. 0. C-1	8.82	9.24	4.55
LS. 2. 0. C-2	9.11		1.41
LS. 2. 0. C-3	9.79		5.95

3.2.2 试样极限承载力的影响因素

3.2.2.1 加固界面胶层厚度 t_a 对 P_k 的影响

图 3-1 给出了试样极限承载力 P_{kavg} 随加固界面胶层厚度 t_a 的变化曲线。

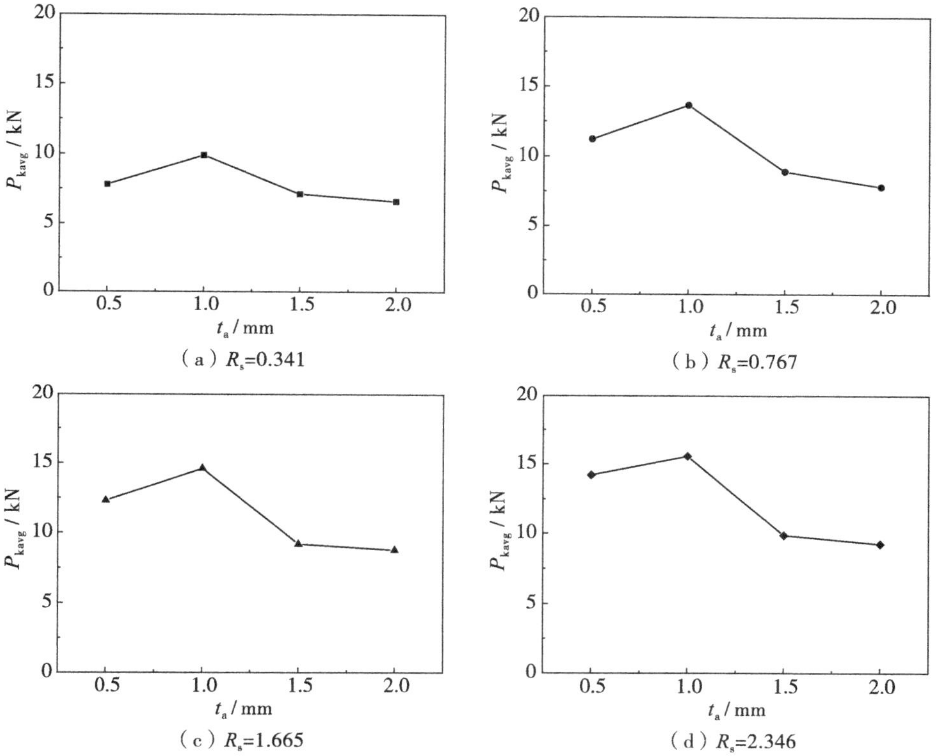

图 3-1 P_{kavg} 随胶层厚度 t_a 变化的关系曲线

由表 3-2 和图 3-1 可以得出:① 随着加固界面胶层厚度 t_a 的增加,试样极限承载力 P_{kavg} 呈现先增大后减小的规律;② 当加固界面胶层厚度 t_a 由 0.5 mm 增至 1 mm,且当钢板表面糙度 R_s=0.341、0.767、1.665、2.346 变化时,其 P_{kavg} 分别由 7.79 kN、11.22 kN、12.30 kN、14.22 kN 增至 9.91 kN、13.65 kN、14.61 kN、15.56 kN,其增幅分别 27.2%、21.7%、18.8%、9.4%;③ 当加固界面胶层厚度 t_a 由 1.0 mm 增至 1.5 mm,且当粗钢板表面糙度 R_s=0.341、0.767、1.665、2.346 变化时,其 P_{kavg} 分别由 9.91 kN、13.65 kN、14.61 kN、15.56 kN 快速减至 7.12 kN、8.93 kN、9.19 kN、9.87 kN,其减幅分

别达 28.2%、34.6%、37.1%、36.6%；④ 当加固界面胶层厚度 t_a 由 1.5 mm 增至 2.0 mm，且当粗钢板表面糙度 R_s＝0.341、0.767、1.665、2.346 变化时，其 P_{kavg} 分别由 7.12 kN、8.93 kN、9.19 kN、9.87 kN 减至 6.59 kN、7.83 kN、8.76 kN、9.24 kN，其减幅分别为 7.4%、12.3%、4.7%、6.4%。

结果表明：当加固界面胶层厚度 t_a＝1.0 mm 左右时，试样具有较高的极限承载力 P_k，即加固界面的抗剪切能力较强；当 t_a＞1.5 mm 后，试样的极限承载力 P_k 主要呈下降趋势，但降幅不大。事实上，当 t_a＞1.5mm 后，加固界面承载能力主要取决于胶层材料抗剪强度 τ_a。

3.2.2.2　钢板表面粗糙度 R_s 对 P_k 的影响

图 3-2 给出了试样极限承载力 P_{kavg} 随试样钢板表面粗糙度 R_s 的变化曲线。

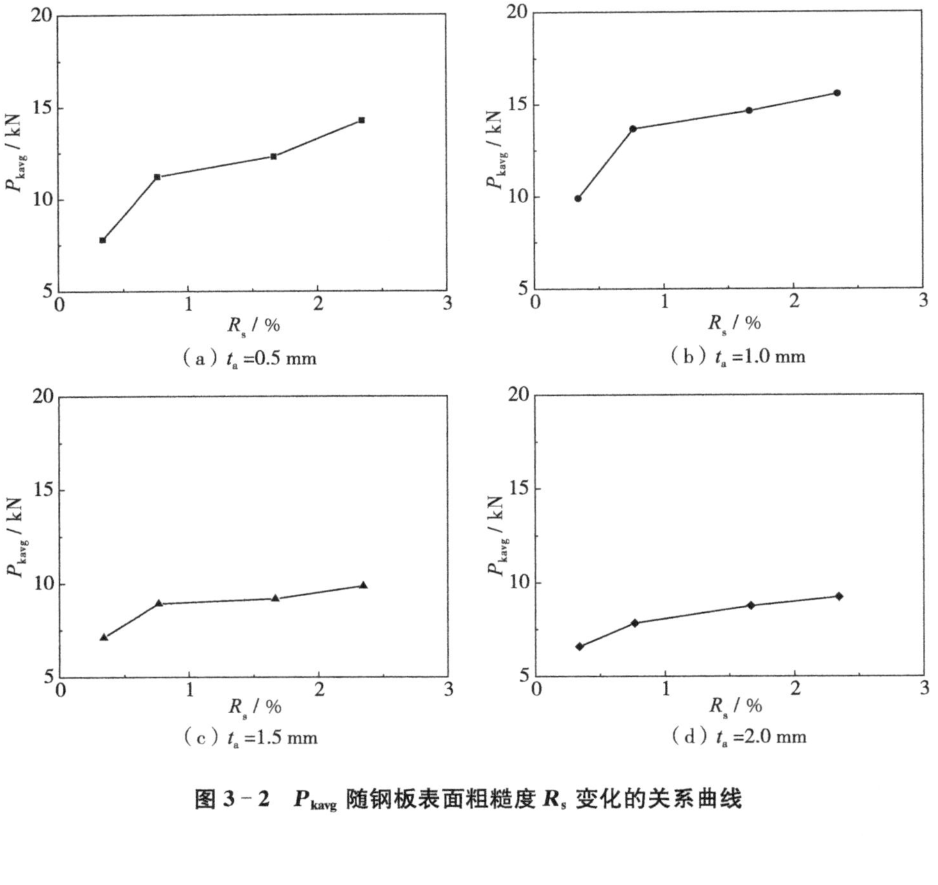

图 3-2　P_{kavg} 随钢板表面粗糙度 R_s 变化的关系曲线

由表 3 - 2 和图 3 - 2 可以得出：① 随着钢板表面粗糙度 R_s 的增加，试样极限承载力 P_{kavg} 呈现增大的变化规律；② 当 R_s 由 0.341 增至 0.767，且当 t_a 由 0.5 mm、1.0 mm、1.5 mm、2.0 mm 变化时，其 P_{kavg} 分别由 7.79 kN、9.91 kN、7.12 kN、6.59 kN 快速增至 11.22 kN、13.65 kN、8.93 kN、7.83 kN，其增幅分别达 44.0%、37.7%、25.4%、18.8%；③ 当 R_s 由 0.767 增至 1.665，且当 t_a 由 0.5 mm、1.0 mm、1.5 mm、2.0 mm 变化时，其 P_{kavg} 分别由 11.22 kN、13.65 kN、8.93 kN、7.83 kN 增至 12.30 kN、14.61 kN、9.19 kN、8.76 kN，其增幅分别为 9.6%、7.0%、2.9%、11.9%；④ 当 R_s 由 1.665 增至 2.346，且当 t_a 由 0.5 mm、1.0 mm、1.5 mm、2.0 mm 变化时，其 P_{kavg} 分别由 12.30 kN、14.61 kN、9.19 kN、8.76 kN 增至 14.22 kN、15.56 kN、9.87 kN、9.24 kN，其增幅分别为 15.6%、6.5%、7.4%、5.5%。

结果表明：钢板表面粗糙度 R_s 对试样极限承载力 P_k 的影响较大，但当 $R_s>0.767$ 后，试样极限承载力 P_k 的增长迅速减缓。

3.3 CFRP-钢加固界面的剪应变

如前所述，试样 CFRP-钢加固界面的剪切变形无法由相关的传感器直接测量得到，需要借助试样结构的 CFRP 板和钢板轴向线应变测定及试样加固界面剪应变与 CFRP 板、钢板轴向线应变的关系分析得到。因此，本节首先给出试样 CFRP 板和钢板轴向线应变测定结果及分布规律，然后应用第 2 章的相关理论分析得到 CFRP-钢加固界面的剪应变分布规律及其随试样加固界面胶层厚度 t_a 及试样钢板表面粗糙度 R_s 的变化规律。

3.3.1 试样 CFRP 板及钢板的轴向应变

3.3.1.1 试样 CFRP 板的轴向应变特征

表 3 - 3 给出了试样破坏失效前 CFRP 板的轴向线应变 ε_f 测试结果，图 3 - 3 给出了试样 CFRP 板的轴向线应变分布曲线及其随试样钢板表面粗糙度 R_s 的变化规律，图 3 - 4 给出了试样 CFRP 板的轴向线应变分布曲线及其随试样加固界面胶层厚度 t_a 的变化规律。由表 3 - 3 和图 3 - 3、图 3 - 4 可以得出：

① 试样上、下钢板间隙处，CFRP 板的轴向线应变 ε_f 值最大，端部 ε_f 值趋于零，中间区域近似呈线性分布(相关系数 $R^2=0.9821 \sim 0.9887$)。

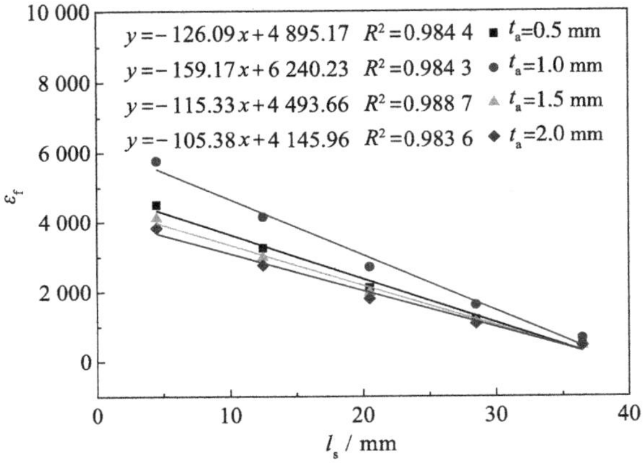

(a) R_s=0.341

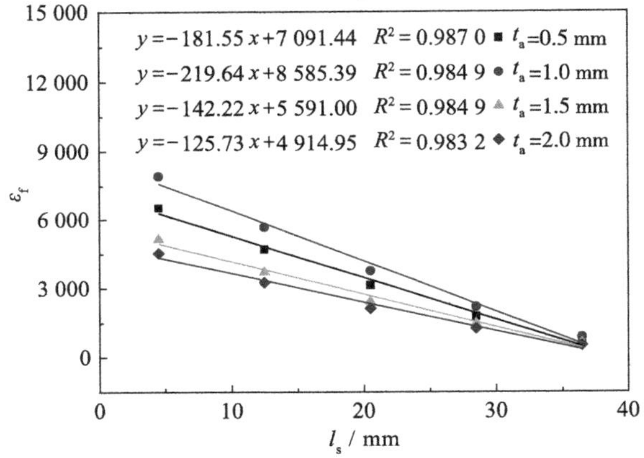

(b) R_s=0.767

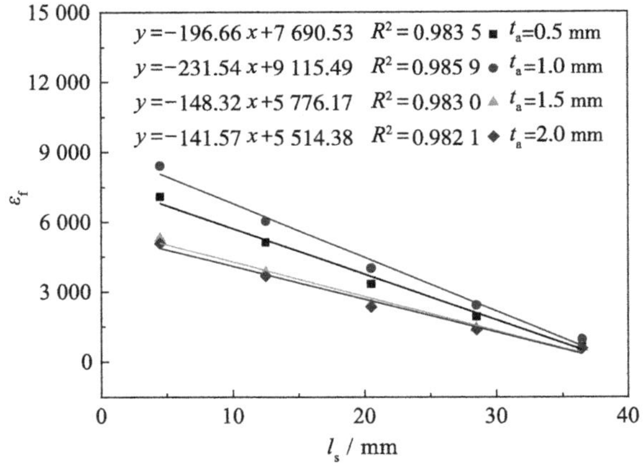

(c) R_s=1.665

图 3-3 不同 t_a 下 CFRP 板轴向线应变 ε_f 分布曲线

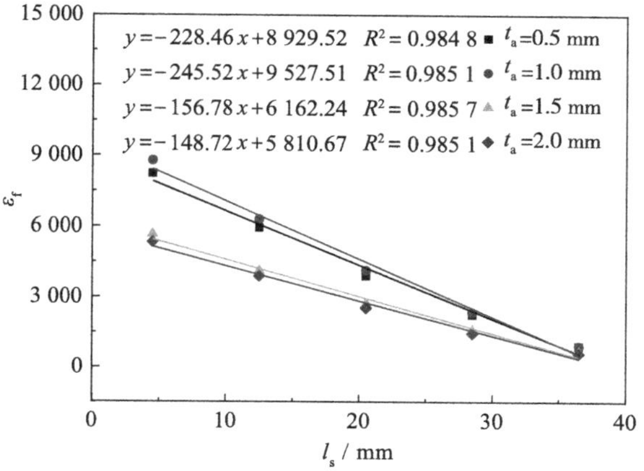

(d) R_s=2.346

图 3-3 (续)

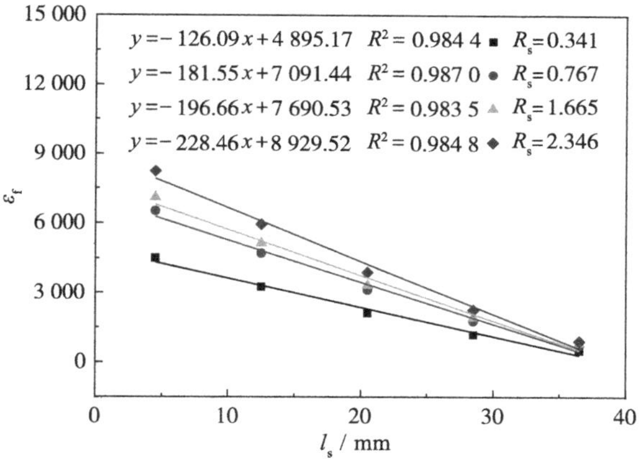

(a) t_a=0.5 mm

图 3-4 不同 R_s 下 CFRP 板轴向应 ε_f 变分布规律

② 随着钢板表面粗糙度 R_s 的增大，试样失效破坏时 CFRP 板轴向线应变 ε_f 呈增大趋势，当 R_s 位于 0.341～0.767 区间时，ε_f 最大值的增幅为 18.7%～44.8%，而当 R_s 位于 0.767～2.346 区间时，ε_f 的增幅为 3.1%～10.7%。表明：钢板表面粗糙度 R_s 对于加固界面剪应变传递能力有较大影响。

③ 随着加固界面胶层厚度 t_a 的增大，试样失效破坏时 CFRP 板轴向线应变 ε_f 呈先增大、后减小的趋势；当 t_a 位于 0.5～1.0 mm 区间时，ε_f 最大值呈现增大的规律，最大增幅达 30.0%；而当 t_a 位于 1.0～1.5 mm 区间时，ε_f 最大值

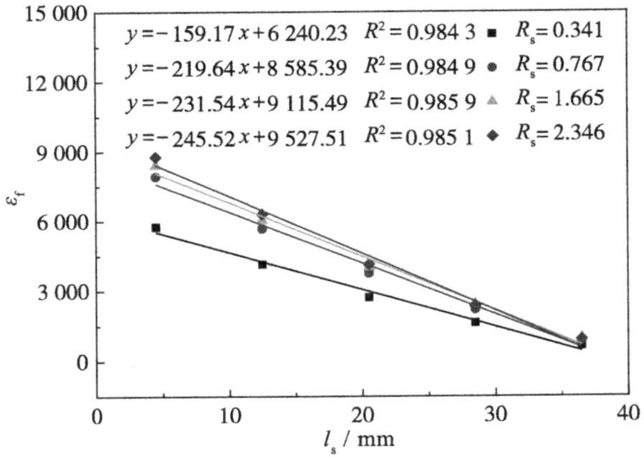

（b）t_a=1.0 mm

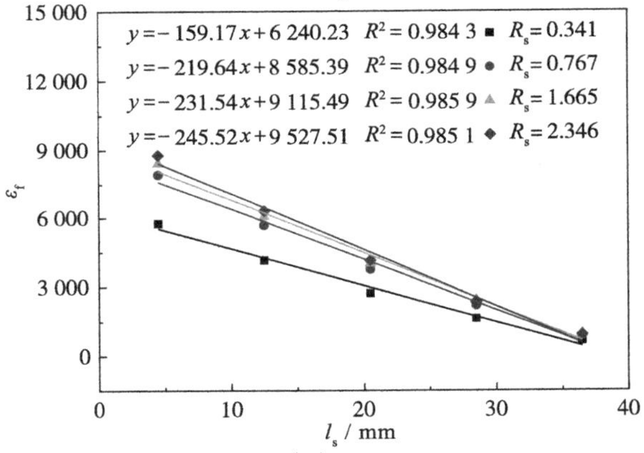

（c）t_a=1.5 mm

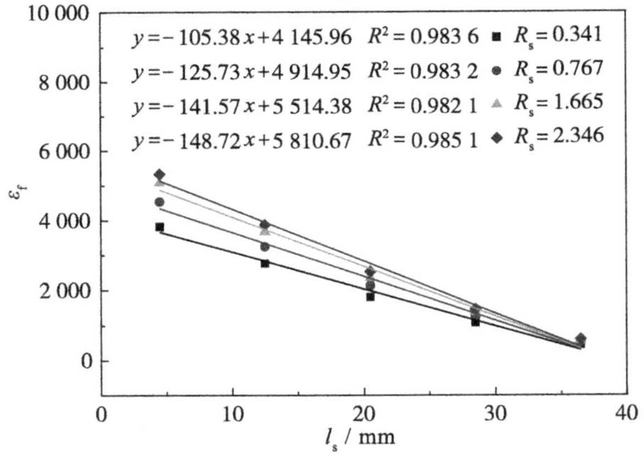

（d）t_a=2.0 mm

图 3-4 （续）

呈现减小的变化规律，ε_f 的最大减幅达 36.8%；而当 t_a 位于 1.5～2.0 mm 区间时，ε_f 最大值呈现减小的规律，ε_f 的减幅为 4.5%～11.0%。表明：当 t_a = 1.0 mm 左右时，加固界面具有较强的剪切变形传递能力。

3.3.1.2 试样钢板的轴向应变

表 3-4 给出试样破坏失效前钢板的轴向线应变 ε_s 测试结果，图 3-5 给出了试样钢板的轴向线应变 ε_s 分布随钢板表面粗糙度 R_s 的变化曲线，图 3-6 给出了试样钢板的轴向线应变 ε_s 分布随加固界面胶层厚度 t_a 的变化曲线。

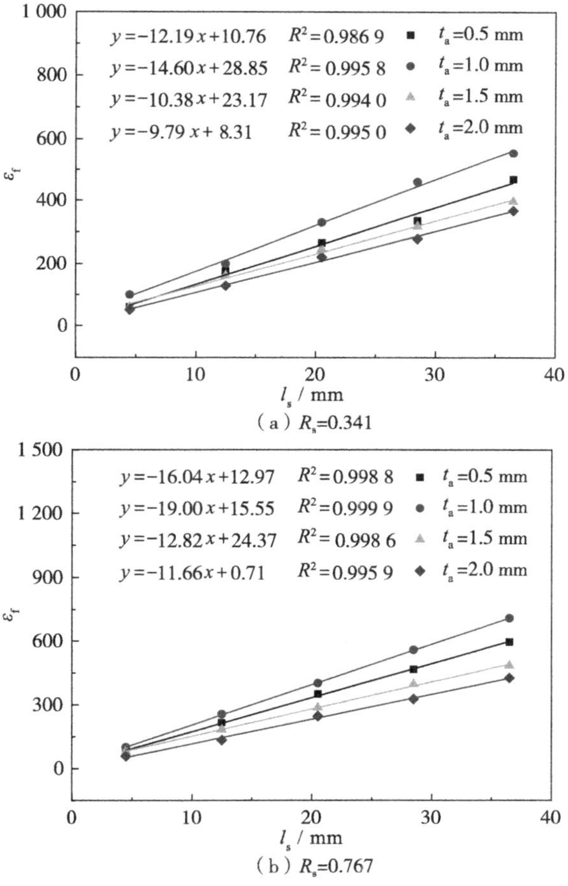

图 3-5 不同 t_a 下钢板轴向应变 ε_s 分布曲线

由表 3-4 和图 3-5、图 3-6 可以得出：

① 与 CFRP 板上的轴向线应变 ε_f 相比，试样钢板上轴向线应变 ε_s 约小一

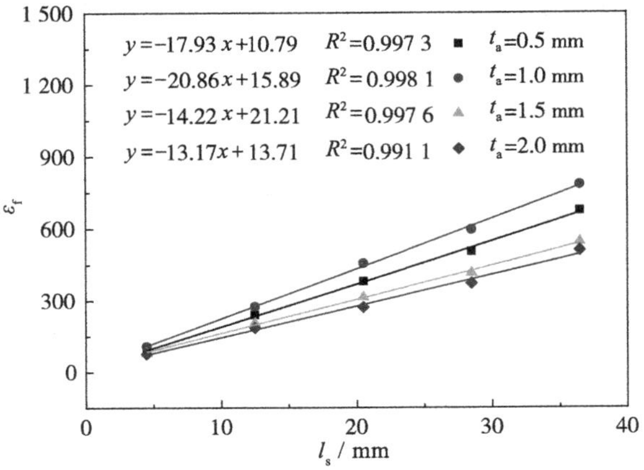

(c) R_s=1.665

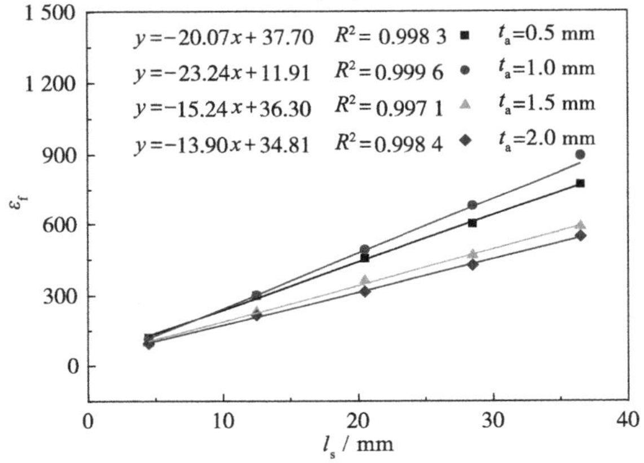

(d) R_s=2.346

图 3-5 （续）

量级，例如：CFRP 板上轴向线应变最大值 ε_{fmax}=8 770.50 $\mu\varepsilon$，而试样钢板上轴向线应变 ε_{smax}=680.26 $\mu\varepsilon$，表明 CFRP 材料优良的抗拉性能得到充分的利用。

② 靠近试样上钢板的下部轴向线应变 ε_s 较小，端部 ε_s 值趋于零，与 CFRP 板上端交界处 ε_s 值最大，中间区域近似呈线性分布（相关系数 R^2=0.986 9～0.999 9）。

③ 随着钢板表面粗糙度 R_s 的增大，试样失效破坏时钢板轴向线应变 ε_s 呈增大趋势，当 R_s 位于 0.341～0.767 区间时，ε_s 最大值的增幅达 28.1%，而当 R_s 位于 0.767～2.346 区间时，ε_s 的增幅为 7.0%～14.5%，表明钢板表面粗糙度 R_s 对于加固界面剪应变传递能力的影响主要表现在 R_s 位于 0.341～0.767

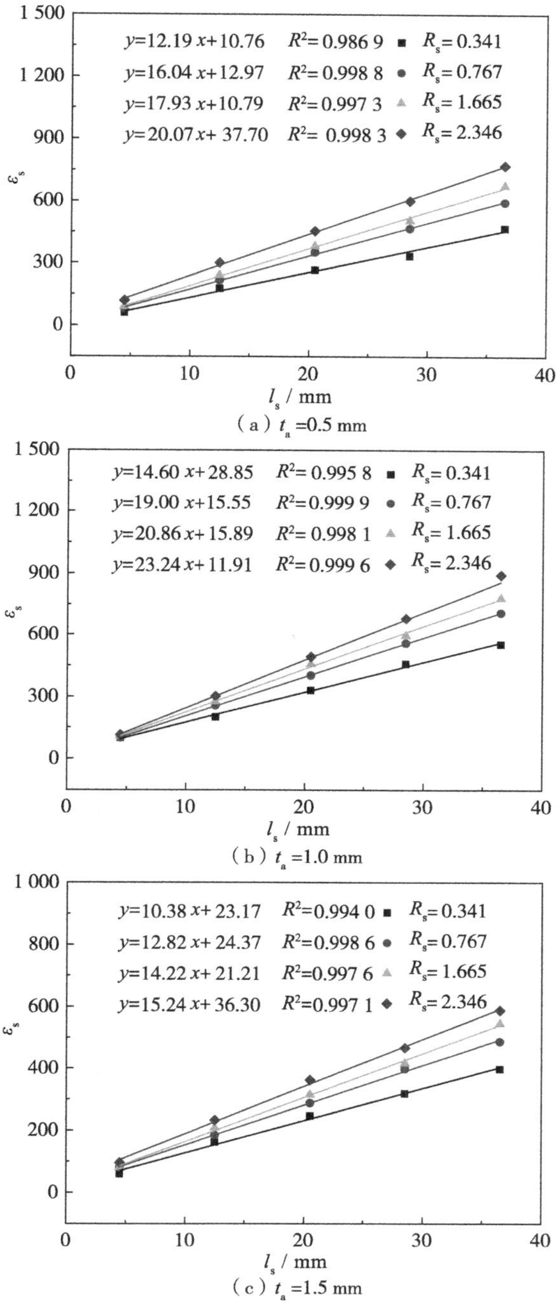

图 3-6　不同 R_s 下钢板轴向应变分布曲线

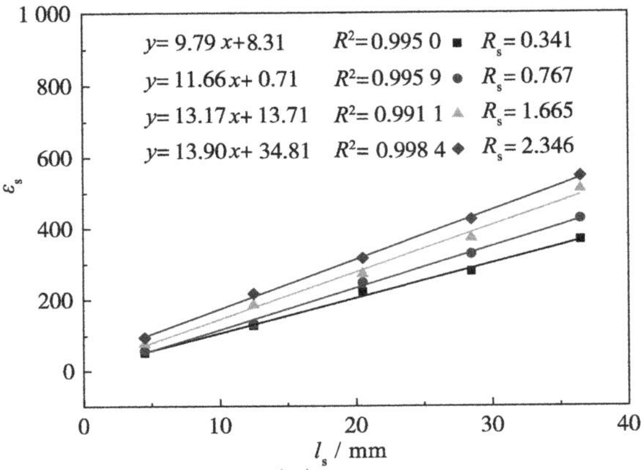

(d) t_a =2.0 mm

图 3-6 （续）

区间。

④ 随着加固界面胶层厚度 t_a 的变化，试样失效破坏时钢板轴向线应变 ε_s 呈现先增大后减小的趋势；当 t_a 位于 0.5～1.0 mm 区间时，ε_s 表现为增大的趋势，ε_s 最大值的增幅达 37.6%；当 t_a 位于 1.0～1.5 mm 区间时，ε_s 表现为快速减小的趋势，ε_s 的最大减幅达 34.3%；当 t_a 位于 1.5～2.0 mm 区间时，ε_s 仍表现为减小的趋势，ε_s 的最小减幅仅为 6.3%。表明加固界面胶层厚度 t_a = 1.0 mm 时，加固界面变形与应力的转移传递能力较强。

3.3.2 CFRP-钢加固界面的剪应变特征

3.3.2.1 加固界面剪应变 γ_a 的测试结果

基于试样 CFRP 板和钢板轴向线应变 ε_f、ε_s 的测试结果，借助 2.3 节中计算公式(2-19)分析得到试样加固界面的剪应变 γ_a 的变化规律。表 3-5 给出了试样测点剪应变 γ_a 的测量结果，因此，可研究 CFRP-钢加固界面剪应变 γ_a 的分布规律、钢板表面粗糙度 R_s 和加固界面胶层厚度 t_a 对加固界面剪应变 γ_a 的影响规律等。

表 3-3 试样 CFRP 板轴向线应变 ε_f 测试结果及分布规律

试样编号	$\varepsilon_f(\mu\varepsilon)$									
	$l_s=4.5$ mm		$l_s=12.5$ mm		$l_s=20.5$ mm		$l_s=28.5$ mm		$l_s=36.5$ mm	
	ε_f	ε_{favg}	ε_f	ε_{favg}	ε_f	ε_{favg}	ε_f	ε_{favg}	ε_f	ε_{favg}
LS. 0. 5. J-1	4 303. 60		3 130. 19		2 023. 37		1 130. 12		469. 50	
LS. 0. 5. J-2	4 757. 76	4 499. 50	3 431. 27	3 253. 73	2 236. 05	2 120. 54	1 274. 19	1 190. 09	498. 02	487. 68
LS. 0. 5. J-3	4 437. 13		3 199. 73		2 102. 20		1 165. 95		495. 51	
LS. 0. 5. X-1	6 375. 34		4 617. 72		3 056. 43		1 653. 35		701. 88	
LS. 0. 5. X-2	6 167. 26	6 513. 07	4 427. 49	4 708. 41	2 987. 75	3 130. 53	1 727. 59	1 782. 35	629. 13	714. 20
LS. 0. 5. X-3	6 996. 60		5 080. 03		3 347. 40		1 966. 12		811. 57	
LS. 0. 5. Y-1	6 744. 50		4 890. 86		3 173. 35		1 811. 06		810. 75	
LS. 0. 5. Y-2	7 517. 76	7 083. 90	5 435. 22	5 129. 54	3 525. 37	3 334. 83	2 085. 96	1 929. 48	858. 35	817. 72
LS. 0. 5. Y-3	6 989. 43		5 062. 52		3 305. 76		1 891. 43		784. 07	
LS. 0. 5. C-1	7 631. 22		5 495. 76		3 557. 99		2 046. 50		897. 56	
LS. 0. 5. C-2	8 334. 60	8 223. 06	6 002. 18	5 935. 36	4 002. 68	3 889. 82	2 373. 10	2 259. 28	955. 26	922. 55
LS. 0. 5. C-3	8 703. 36		6 308. 13		4 108. 80		2 358. 24		914. 84	
LS. 1. 0. J-1	5 652. 84		4 061. 85		2 635. 45		1 637. 17		645. 29	
LS. 1. 0. J-2	5 728. 66	5 758. 02	4 147. 34	4 142. 18	2 709. 48	2 714. 12	1 569. 90	1 619. 75	616. 02	652. 60
LS. 1. 0. J-3	5 892. 56		4 217. 34		2 797. 44		1 652. 18		696. 51	

表 3-3(续)

试样编号	$\varepsilon_f(\mu\varepsilon)$									
	l_s=4.5 mm		l_s=12.5 mm		l_s=20.5 mm		l_s=28.5 mm		l_s=36.5 mm	
	ε_f	ε_{favg}	ε_f	ε_{favg}	ε_f	ε_{favg}	ε_f	ε_{favg}	ε_f	ε_{favg}
LS. 1. 0. X－1	7 567. 34		5 410. 84		3 541. 90		2 066. 05		776. 78	
LS. 1. 0. X－2	8 270. 22	7 921. 11	5 936. 75	5 673. 20	3 958. 82	3 751. 15	2 288. 15	2 192. 91	913. 54	875. 77
LS. 1. 0. X－3	7 925. 76		5 672. 02		3 752. 72		2 224. 55		936. 99	
LS. 1. 0. Y－1	7 996. 56		5 782. 42		3 832. 31		2 342. 72		942. 36	
LS. 1. 0. Y－2	8 589. 08	8 411. 62	6 150. 27	6 037. 97	4 125. 78	4 013. 00	2 481. 53	2 425. 95	961. 22	956. 01
LS. 1. 0. Y－3	8 649. 23		6 181. 23		4 080. 91		2 453. 59		964. 45	
LS. 1. 0. C－1	8 768. 80		6 356. 35		4 138. 63		2 413. 81		932. 07	
LS. 1. 0. C－2	8 679. 96	8 770. 50	6 210. 67	6 296. 24	4 122. 13	4 128. 16	2 274. 85	2 357. 48	885. 62	918. 91
LS. 1. 0. C－3	8 862. 74		6 321. 71		4 123. 71		2 383. 77		939. 03	
LS. 1. 5. J－1	3 945. 96		2 902. 49		1 916. 37		1 097. 78		424. 10	
LS. 1. 5. J－2	4 131. 33	4 114. 84	2 984. 03	2 989. 99	1 980. 00	1 979. 93	1 103. 06	1 131. 43	428. 33	431. 00
LS. 1. 5. J－3	4 267. 23		3 083. 46		2 043. 41		1 193. 46		440. 56	
LS. 1. 5. X－1	5 008. 25		3 632. 40		2 416. 87		1 416. 54		596. 55	
LS. 1. 5. X－2	4 820. 52	5 156. 08	3 472. 25	3 720. 14	2 278. 16	2 440. 70	1 387. 43	1 466. 40	603. 29	594. 16
LS. 1. 5. X－3	5 639. 46		4 055. 78		2 627. 06		1 595. 23		582. 63	
LS. 1. 5. Y－1	5 048. 89		3 621. 20		2 383. 08		1 341. 97		552. 95	
LS. 1. 5. Y－2	5 380. 06	5 320. 15	3 884. 84	3 848. 64	2 484. 34	2 480. 24	1 450. 57	1 435. 15	583. 38	594. 24
LS. 1. 5. Y－3	5 531. 50		4 039. 86		2 573. 30		1 512. 91		646. 37	

表 3-3(续)

试样编号	$\varepsilon_f(\mu\varepsilon)$									
	l_s=4.5 mm		l_s=12.5 mm		l_s=20.5 mm		l_s=28.5 mm		l_s=36.5 mm	
	ε_f	ε_{favg}	ε_f	ε_{favg}	ε_f	ε_{favg}	ε_f	ε_{favg}	ε_f	ε_{favg}
LS. 1. 5. C-1	5 491.25		3 979.57		2 589.10		1 511.87		673.46	
LS. 1. 5. C-2	5 575.68	5 671.56	4 017.94	4 109.96	2 665.57	2 708.04	1 566.81	1 592.64	645.52	659.01
LS. 1. 5. C-3	5 947.74		4 332.36		2 869.46		1 699.25		658.05	
LS. 2. 0. J-1	3 619.63		2 639.70		1 703.41		1 045.48		421.97	
LS. 2. 0. J-2	4 182.75	3 827.67	2 996.11	2 761.24	1 993.73	1 806.20	1 173.32	1 080.13	500.71	452.98
LS. 2. 0. J-3	3 680.64		2 647.92		1 721.46		1 021.59		436.25	
LS. 2. 0. X-1	4 240.95		3 031.76		2 044.48		1 235.62		528.34	
LS. 2. 0. X-2	4 616.80	4 542.23	3 295.68	3 248.86	2 146.37	2 133.15	1 240.78	1 251.46	510.62	511.74
LS. 2. 0. X-3	4 768.94		3 419.15		2 208.61		1 277.99		496.25	
LS. 2. 0. Y-1	5 039.92		3 627.54		2 331.03		1 404.22		575.95	
LS. 2. 0. Y-2	4 758.39	5 082.42	3 437.31	3 679.11	2 240.44	2 352.88	1 273.32	1 375.40	496.68	571.66
LS. 2. 0. Y-3	5 448.96		3 972.50		2 487.18		1 448.67		642.33	
LS. 2. 0. C-1	5 133.24		3 734.43		2 393.32		1 309.50		527.72	
LS. 2. 0. C-2	5 256.47	5 339.65	3 836.09	3 880.04	2 549.05	2 531.36	1 505.95	1 455.75	626.77	603.15
LS. 2. 0. C-3	5 629.25		4 069.59		2 651.71		1 551.79		654.95	

表 3-4　试样钢板的轴向线应变 ε_s 测试结果及分布规律

试样编号	钢板不同位置处应变 $\varepsilon_s(\mu\varepsilon)$									
	l_s=4.5 mm		l_s=12.5 mm		l_s=20.5 mm		l_s=28.5 mm		l_s=36.5 mm	
	ε_s	ε_{savg}	ε_s	ε_{savg}	ε_s	ε_{savg}	ε_s	ε_{savg}	ε_s	ε_{savg}
LS. 0.5. J-1	44.52		147.22		207.93		278.83		417.56	
LS. 0.5. J-2	49.56	59.30	156.05	176.08	228.00	265.91	321.46	334.53	431.94	467.83
LS. 0.5. J-3	83.82		224.97		361.80		403.30		553.99	
LS. 0.5. X-1	66.18		153.43		300.70		356.99		564.67	
LS. 0.5. X-2	64.02	79.28	196.30	215.94	343.17	351.30	485.92	467.04	565.11	595.29
LS. 0.5. X-3	107.64		298.09		410.03		558.21		656.09	
LS. 0.5. Y-1	82.25		218.27		319.84		434.90		634.50	
LS. 0.5. Y-2	91.84	90.11	254.53	239.90	425.21	381.94	558.13	504.73	714.03	674.78
LS. 0.5. Y-3	96.24		246.92		400.75		521.17		675.80	
LS. 0.5. C-1	105.44		249.26		355.32		521.31		752.58	
LS. 0.5. C-2	114.96	118.8	280.05	300.61	474.21	453.94	695.84	601.23	782.82	771.42
LS. 0.5. C-3	135.99		372.53		532.28		586.56		778.85	
LS. 1.0. J-1	128.47		231.85		337.19		474.98		547.48	
LS. 1.0. J-2	88.74	99.31	176.32	199.22	320.84	329.66	428.86	458.82	537.14	553.35
LS. 1.0. J-3	80.72		189.49		330.95		472.62		575.43	

表 3-4(续)

试样编号	钢板不同位置处应变 ε_s($\mu\varepsilon$)									
	l_s=4.5 mm		l_s=12.5 mm		l_s=20.5 mm		l_s=28.5 mm		l_s=36.5 mm	
	ε_s	ε_{savg}	ε_s	ε_{savg}	ε_s	ε_{savg}	ε_s	ε_{savg}	ε_s	ε_{savg}
LS.1.0.X-1	90.86		239.61		385.27		564.53		685.92	
LS.1.0.X-2	99.47	100.14	276.70	255.49	371.02	402.54	520.15	558.61	695.65	708.64
LS.1.0.X-3	110.08		250.16		451.33		591.15		744.35	
LS.1.0.Y-1	83.88		238.17		431.77		561.75		732.66	
LS.1.0.Y-2	133.74	107.52	305.53	275.63	459.51	456.71	614.03	596.09	782.90	781.70
LS.1.0.Y-3	104.93		283.18		478.85		612.49		829.54	
LS.1.0.C-1	124.16		362.22		576.35		803.37		957.91	
LS.1.0.C-2	123.12	113.97	290.72	301.40	485.17	492.11	651.79	680.26	927.89	894.30
LS.1.0.C-3	94.62		251.27		414.81		585.62		797.10	
LS.1.5.J-1	61.02		167.23		237.06		317.86		393.08	
LS.1.5.J-2	50.47	59.27	160.59	161.22	243.57	245.72	286.81	316.62	377.86	396.64
LS.1.5.J-3	66.33		155.84		256.53		345.20		418.97	
LS.1.5.X-1	78.39		182.14		303.83		368.89		483.32	
LS.1.5.X-2	75.06	80.37	181.28	183.93	259.28	287.20	377.70	397.95	469.85	485.96
LS.1.5.X-3	87.66		188.37		298.50		447.26		504.71	
LS.1.5.Y-1	99.51		263.26		409.51		449.76		603.43	
LS.1.5.Y-2	83.34	80.19	174.25	207.64	262.36	314.72	410.30	415.90	509.30	544.68
LS.1.5.Y-3	57.72		185.41		272.29		387.64		521.31	

表 3-4(续)

试样编号	钢板不同位置处应变 ε_s($\mu\varepsilon$)									
	l_s=4.5 mm		l_s=12.5 mm		l_s=20.5 mm		l_s=28.5 mm		l_s=36.5 mm	
	ε_s	ε_{savg}	ε_s	ε_{savg}	ε_s	ε_{savg}	ε_s	ε_{savg}	ε_s	ε_{savg}
LS. 1. 5. C-1	96. 40		220. 02		331. 06		415. 59		539. 155	
LS. 1. 5. C-2	97. 44	95. 50	215. 35	232. 19	360. 60	361. 58	449. 72	466. 66	557. 535	587. 98
LS. 1. 5. C-3	92. 66		261. 20		393. 09		534. 68		667. 25	
LS. 2. 0. J-1	49. 84		132. 12		216. 2		294. 21		353. 44	
LS. 2. 0. J-2	64. 35	50. 84	138. 40	127. 86	238. 10	220. 87	307. 48	278. 62	407. 76	367. 20
LS. 2. 0. J-3	38. 34		113. 07		208. 31		234. 18		340. 40	
LS. 2. 0. X-1	51. 45		116. 75		258. 72		352. 50		410. 74	
LS. 2. 0. X-2	47. 76	57. 61	117. 63	133. 10	243. 55	246. 84	288. 30	327. 43	423. 06	426. 99
LS. 2. 0. X-3	73. 62		164. 92		238. 26		341. 48		447. 17	
LS. 2. 0. Y-1	77. 67		190. 43		279. 72		370. 52		463. 76	
LS. 2. 0. Y-2	57. 33	77. 07	137. 72	185. 97	230. 41	272. 10	315. 11	372. 43	439. 35	510. 46
LS. 2. 0. Y-3	96. 21		229. 76		306. 17		431. 66		628. 27	
LS. 2. 0. C-1	142. 92		260. 38		337. 96		416. 52		474. 80	
LS. 2. 0. C-2	81. 99	94. 55	209. 94	216. 97	321. 40	315. 54	449. 44	424. 86	607. 44	546. 43
LS. 2. 0. C-3	58. 74		180. 59		287. 26		408. 62		557. 05	

表 3-5 试样加固界面平均剪应变 γ_a 的变化规律

试样编号	t_a/mm	R_s	γ_a			
			l_s=8.5 mm	l_s=16.5 mm	l_s=24.5 mm	l_s=32.5 mm
LS.0.5.J	0.5	0.341	0.072 0	0.036 1	0.013 7	0.002 8
LS.0.5.X	0.5	0.767	0.099 1	0.049 6	0.018 8	0.003 9
LS.0.5.Y	0.5	1.665	0.105 8	0.053 2	0.020 4	0.004 3
LS.0.5.C	0.5	2.346	0.109 3	0.054 6	0.020 6	0.004 2
LS.1.0.J	1.0	0.341	0.112 6	0.056 2	0.021 1	0.004 3
LS.1.0.X	1.0	0.767	0.163 2	0.081 6	0.030 8	0.006 3
LS.1.0.Y	1.0	1.665	0.177 6	0.088 8	0.033 8	0.007 1
LS.1.0.C	1.0	2.346	0.205 6	0.102 9	0.039 2	0.008 1
LS.1.5.J	1.5	0.341	0.034 3	0.017 1	0.006 4	0.001 3
LS.1.5.X	1.5	0.767	0.043 1	0.021 7	0.008 3	0.001 7
LS.1.5.Y	1.5	1.665	0.044 3	0.022 1	0.008 3	0.001 7
LS.1.5.C	1.5	2.346	0.047 5	0.023 9	0.009 1	0.001 9
LS.2.0.J	2.0	0.341	0.024 1	0.012 1	0.004 7	0.001 0
LS.2.0.X	2.0	0.767	0.028 4	0.014 2	0.005 5	0.001 1
LS.2.0.Y	2.0	1.665	0.031 7	0.015 9	0.006 0	0.001 3
LS.2.0.C	2.0	2.346	0.033 5	0.016 7	0.006 3	0.001 3

3.3.2.2 胶层厚度 t_a 和钢板粗糙度 R_s 对剪应变 γ_a 分布的影响

表 3-5 给出了加固界面剪应变 γ_a 关于试样轴向的分布曲线及随胶层厚度 t_a 的变化规律，如图 3-7、图 3-8 所示，综合分析表 3-5、图 3-7、图 3-8 可以得到：

① 试样上、下钢板间隙处，加固界面的剪应变 γ_a 值最大，与 CFRP 板端部连接处 γ_a 最小，且趋于零，中间区域近似呈线性分布(相关系数 R^2=0.913 5～0.917 3)。

② 随着试样加固界面胶层厚度 t_a 的增大，试样失效破坏时加固界面的剪应变 γ_a 呈现先增大后减小的趋势；当 t_a 位于 0.5～1.0 mm 区间时，γ_a 呈现为增大的规律，γ_a 最大值的增幅达 73.6%；而当 t_a 位于 1.0～1.5 mm 区间时，γ_a 呈现为快速减小的规律，γ_a 的最大减幅达 69.5%；当 t_a 位于 1.5～2.0 mm 区间时，γ_a 仍呈现为减小的规律，γ_a 的最小减幅仅为 18.1%。表明：胶层厚度

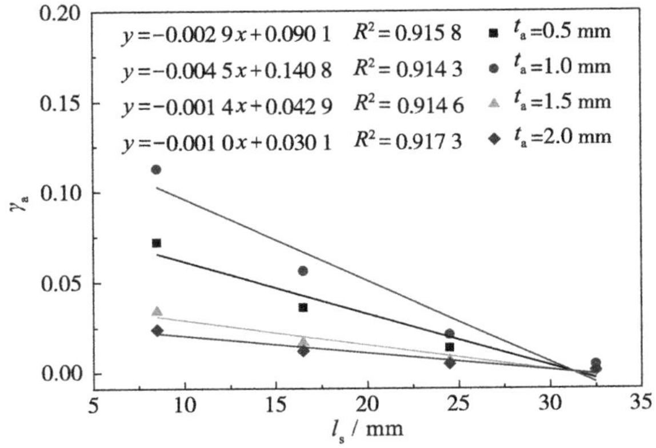

（a）R_s=0.341

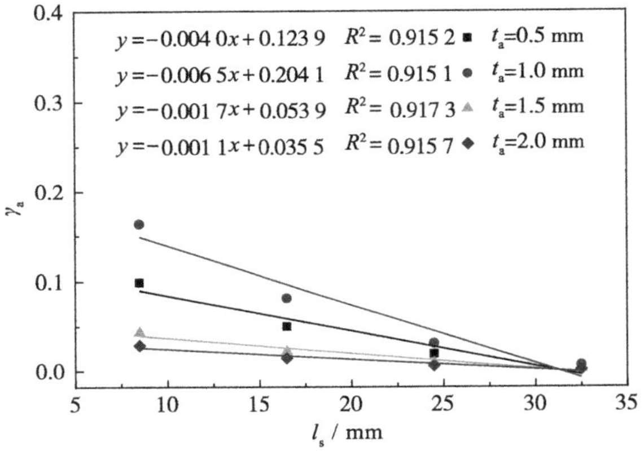

（b）R_s=0.767

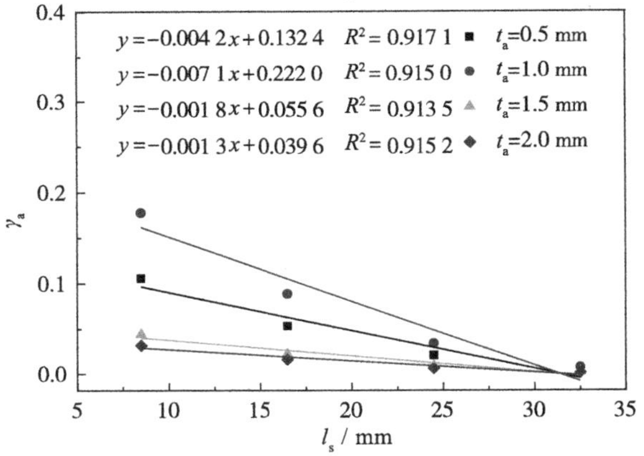

（c）R_s=1.665

图 3-7　不同 t_a 下剪应变 γ_a 沿轴向分布规律

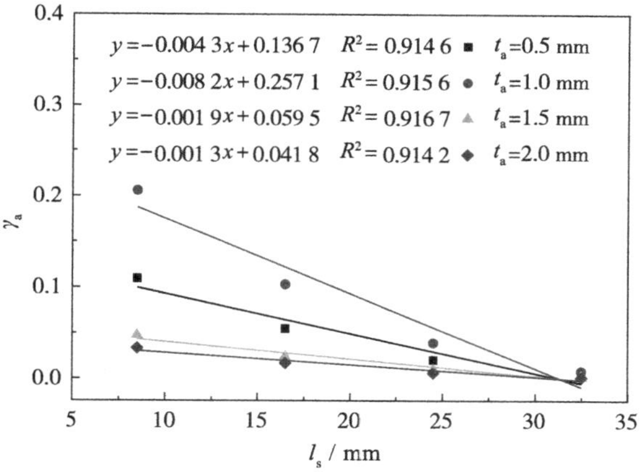

（d）R_s=2.346

图 3-7 （续）

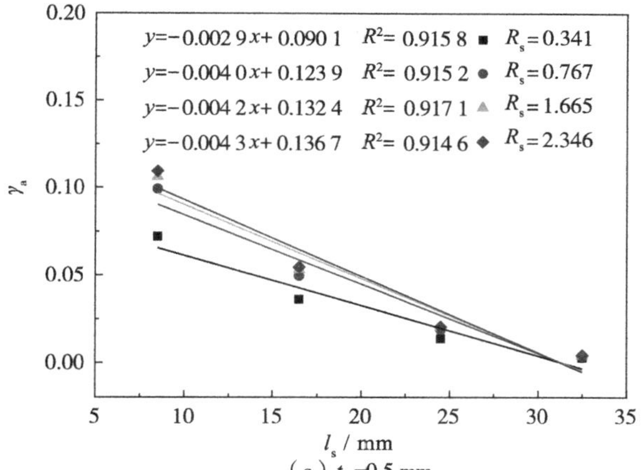

（a）t_a=0.5 mm

图 3-8 不同 R_s 下剪应变 γ_a 沿轴向分布规律

t_a=1.0 mm 左右，加固界面具有较强的剪应变 γ_a 传递能力。

③ 随着钢板表面粗糙度 R_s 的增大，试样失效破坏时加固界面的剪应变 γ_a 呈增大趋势；当 R_s 位于 0.341～0.767 区间时，γ_a 最大值的增幅达 44.9%，而当 R_s 位于 0.767～2.346 区间时，γ_a 的增幅仅为 2.2%～7.2%，表明：R_s 位于 0.341～0.767 区间时，R_s 对加固界面剪应变 γ_a 传递能力的影响较大。

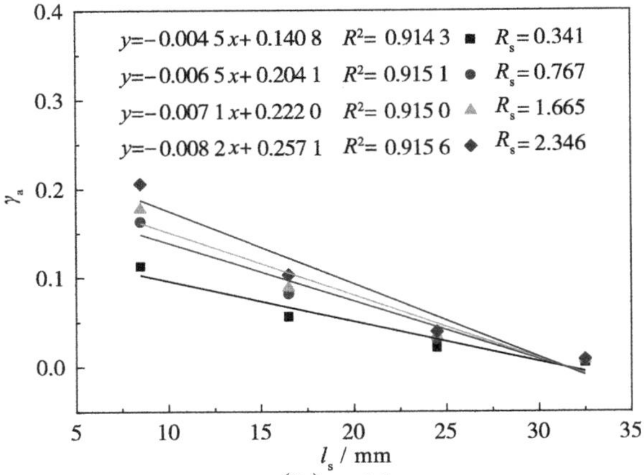

（b）t_a=1.0 mm

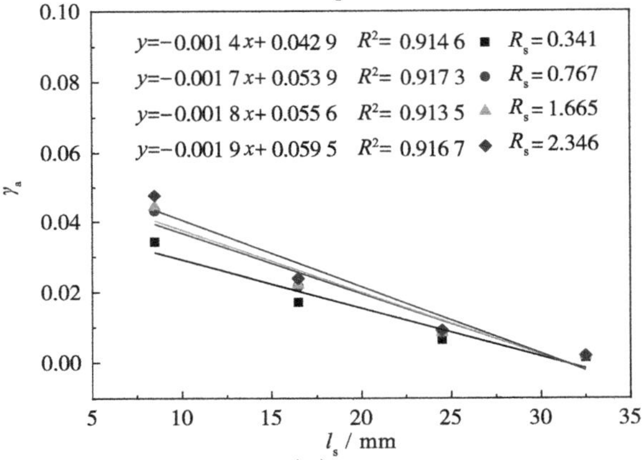

（c）t_a=1.5 mm

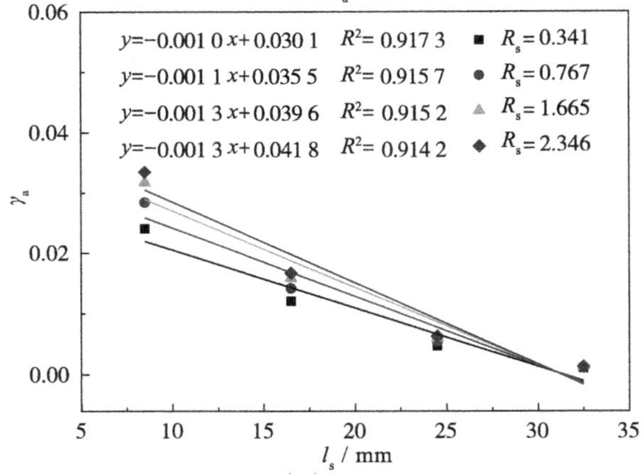

（d）t_a=2.0 mm

图 3-8 （续）

3.4　CFRP-钢加固界面的剪应力

3.4.1　加固界面的剪应力分布规律

结合第 2 章的式(2-6)和式(2-12)以及本章测得的 CFRP 板轴向线应变 ε_f 与钢板轴向线应变 ε_s，容易求得两应变片中点的剪应力 τ_a。表 3-6 给出了试样距钢板下端 l_s=8.5 mm、l_s=16.5 mm、l_s=24.5 mm、l_s=32.5 mm 四个位置的剪应力值 τ_a 及其随粗糙度 R_s 和胶层厚度 t_a 的变化规律。图 3-9 给出了不同 R_s 下加固界面剪应力的分布规律，图 3-10 给出了不同 t_a 下加固界面剪应力的分布规律。

表 3-6　剪应力 τ_a 分布

试样编号	t_a/mm	R_s	τ_a/MPa			
			l_s=8.5 mm	l_s=16.5 mm	l_s=24.5 mm	l_s=32.5 mm
LS.0.5.J	0.5	0.341	12.12	9.96	6.46	2.65
LS.0.5.X	0.5	0.767	17.57	13.6	8.38	4.13
LS.0.5.Y	0.5	1.665	18.85	14.1	9.40	4.42
LS.0.5.C	0.5	2.346	22.12	16.3	11.09	5.08
LS.1.0.J	1.0	0.341	15.37	11.8[illegible]	7.39	3.41
LS.1.0.X	1.0	0.767	21.35	16.2[illegible]	10.83	4.82
LS.1.0.Y	1.0	1.665	22.77	17.3[illegible]	11.32	5.05
LS.1.0.C	1.0	2.346	23.84	17.9[illegible]	11.87	5.64
LS.1.5.J	1.5	0.341	10.99	8.1[illegible]	5.74	2.77
LS.1.5.X	1.5	0.767	13.79	10.4[illegible]	6.90	3.21
LS.1.5.Y	1.5	1.665	14.05	10.5[illegible]	7.04	3.28
LS.1.5.C	1.5	2.346	15.12	11.0[illegible]	7.76	3.63
LS.2.0.J	2.0	0.341	10.24	7.7[illegible]	5.17	2.38
LS.2.0.X	2.0	0.767	12.26	9.2[illegible]	6.15	2.85
LS.2.0.Y	2.0	1.665	13.55	9.8[illegible]	6.79	3.26
LS.2.0.C	2.0	2.346	14.17	10.[illegible]	7.31	3.33

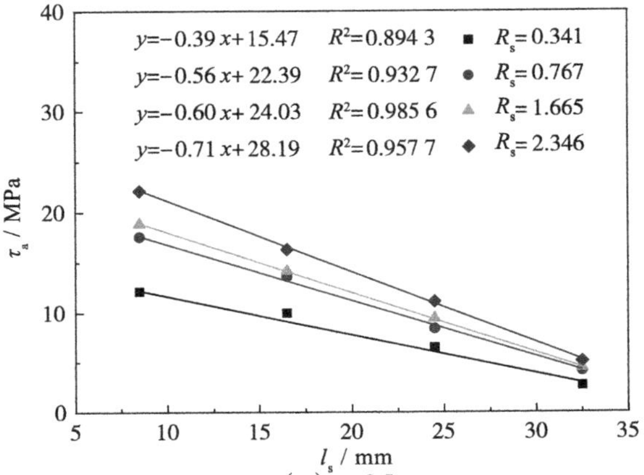

（a）t_a=0.5 mm

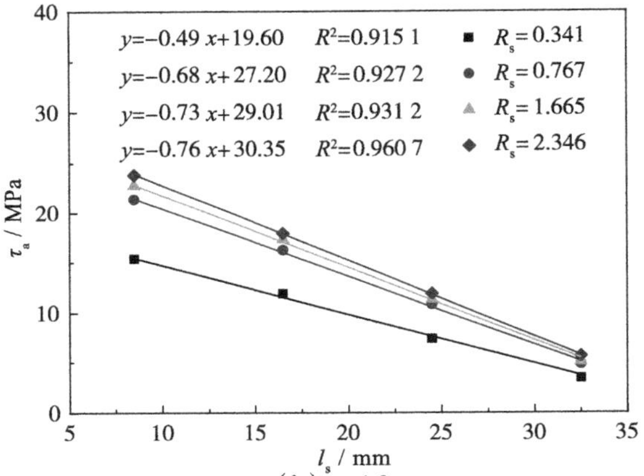

（b）t_a=1.0 mm

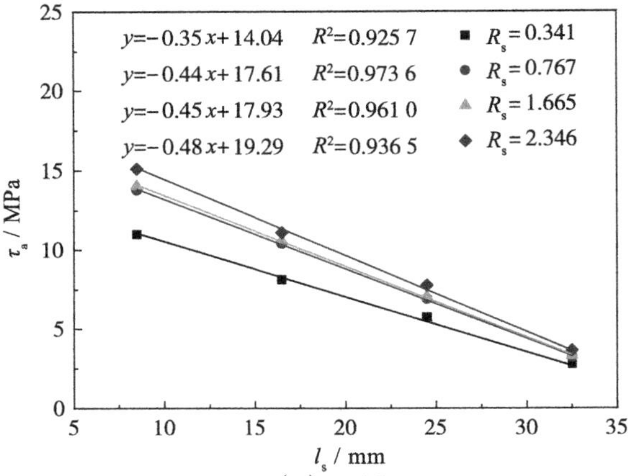

（c）t_a=1.5 mm

图 3-9　不同 R_s 下界面剪应力 τ_a 的分布规律

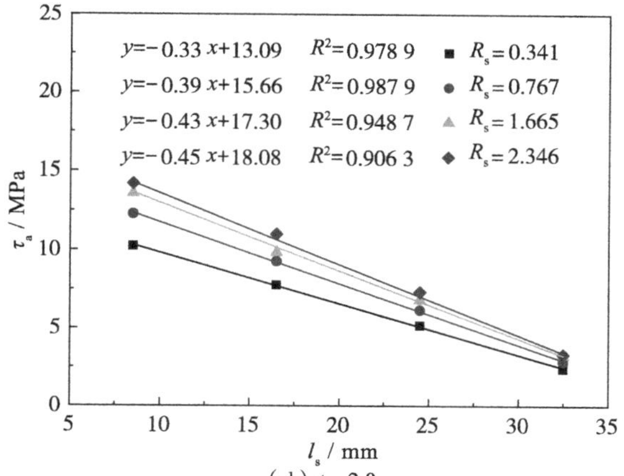

（d）t_a=2.0 mm

图 3－9 （续）

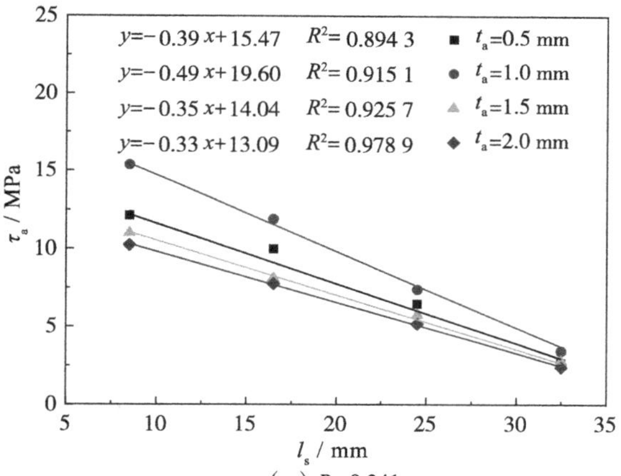

（a）R_s=0.341

图 3－10 不同 t_a 下界面剪应力 τ_a 的分布规律

由表 3－6 和图 3－9、图 3－10 可知：① 加固界面剪应力 τ_a 沿试样轴线方向均近似呈线性分布，线性相关系数 R^2 为 0.894 3～0.987 9，但其线性分布的斜率随胶层厚度 t_a 和钢板表面粗糙度 R_s 的变化而变化；② 靠近上下钢板间隙区域 τ_a 值较大，靠近 CFRP 板端头区域 τ_a 较小；③ 随胶层厚度 t_a 和钢板表面粗糙度 R_s 的变化，靠近上下钢板间隙区域 τ_a 值变化，而靠近 CFRP 板端头区域 τ_a 值的变化较小。

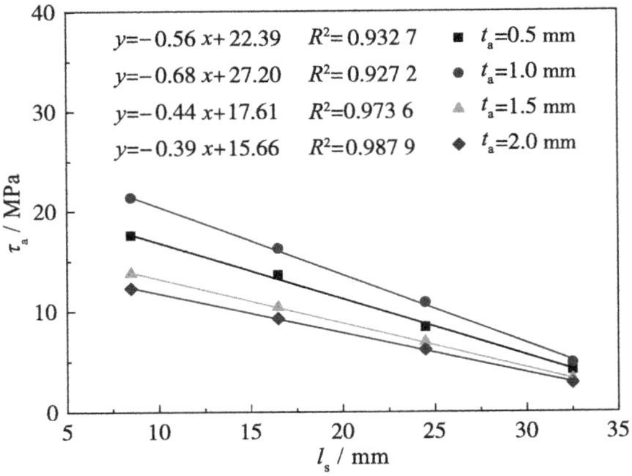

（b）R_s=0.767

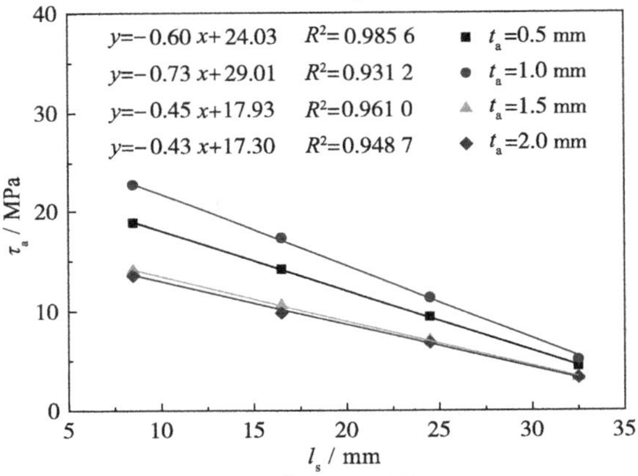

（c）R_s=1.665

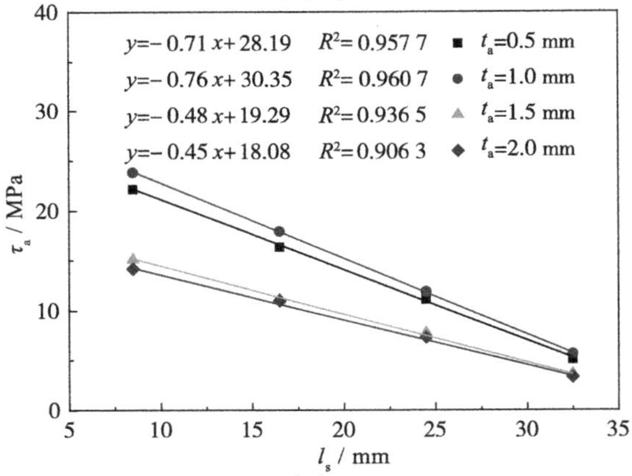

（d）R_s=2.346

图 3-10 （续）

3.4.2 加固界面剪应力的影响因素

3.4.2.1 粗糙度 R_s 对加固界面剪应力 τ_a 的影响

由图 3-9 和表 3-6 可以得到:① 随钢板表面粗糙度 R_s 的增加,加固界面剪应力 τ_a 均呈增加的趋势;② 当 R_s 由 0.341 增加至 0.767 时,τ_a 的增幅较大,当 l_s=8.5 mm 时,τ_a 的最大增幅达 45.0%(t_a=0.5 mm);而当 R_s 由 0.767 增加至 1.665、由 1.665 增加至 2.346 时,τ_a 的增幅较小,当 l_s=8.5 mm 时,τ_a 的最大增幅分别仅为 10.5%(t_a=2 mm)、7.5%(t_a=1.5 mm)。表明:当 R_s=0.767~1.665 时,加固界面的抗剪切能力较强。

3.4.2.2 胶层厚度 t_a 对加固界面剪应力 τ_a 的影响

由图 3-10 和表 3-6 可以得到:① 随加固界面胶层厚度 t_a 的增加,剪应力 τ_a 均呈先增加后减小规律;② 当 t_a 由 0.5 mm 至 1.0 mm 变化时,τ_a 的变化呈增大的规律,τ_a 的最大增幅达 29.0%;当 t_a 由 1.0 mm 至 1.5 mm 变化时,τ_a 的变化呈减小的规律,τ_a 的最大减幅达 38.3%;当 t_a 由 1.5 mm 至 2.0 mm 变化时,τ_a 的变化呈减小的规律,τ_a 的最大减幅达 11.1%,τ_a 的最小减幅达 3.6%。表明:加固界面胶层厚度 t_a=1.0 mm 左右,加固界面的剪切承载能力较强。

3.5 CFRP-钢加固界面剪应力与剪应变关系

3.5.1 剪应力-剪应变曲线

3.5.1.1 剪应力-剪应变曲线获取

图 3-11 为试样线应变测点布置示意图。由图 3-11 可知,当实时测得 CFRP 板和钢板上各测点线应变(ε_{fi}、ε_{si},i=1~5)值后,利用第 2 章的理论及式(2-6)、式(2-12)、式(2-19)容易分析得到相邻两应变片中点的剪应力 τ_a 和剪应变 γ_a。由 3.3 节和 3.4 节研究结果可知,距钢板下端 l_s=8.5 mm 为所能分析得到 τ_a、γ_a 最大值的点,本书以该位置的 τ_a、γ_a 为变量,画出剪应力-剪应变关系曲线,即 $\tau_a-\gamma_a$ 曲线,以研究 CFRP 板-钢加固界面的剪切强度、剪切变形特征及其随着钢板表面粗糙度 R_s 和界面胶层厚度 t_a 的变化规律。

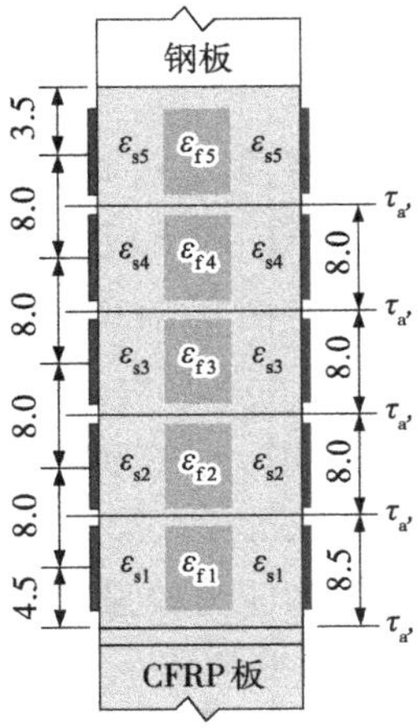

图 3-11　试样线应变测点与 τ_a、γ_a 的位置关系图

3.5.1.2　剪应力-剪应变曲线特征

图 3-12、图 3-13、图 3-14 及图 3-15 为 CFRP 板-钢加固界面剪应力 τ_a 与剪应变 γ_a 关系曲线。表 3-7 给出了各试样 $\tau_a-\gamma_a$ 曲线的特征参量(最大剪应力 τ_{amax}、最大剪应变 γ_{amax}、剪切变形模量 G_a)随 R_s 和 t_a 的变化规律。由图 3-12～图 3-15 和表 3-7 可以得到：

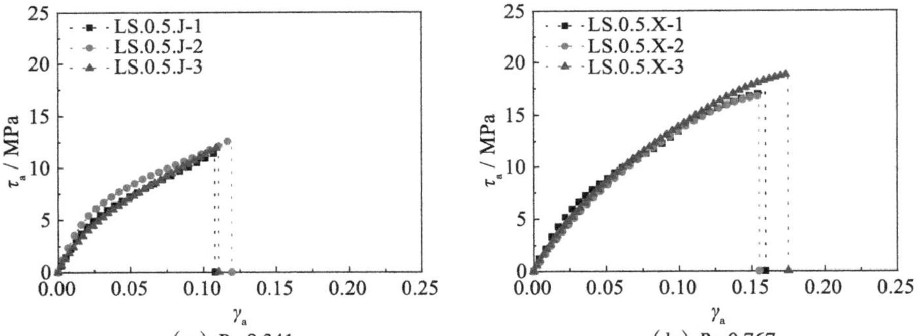

(a) R_s=0.341　(b) R_s=0.767

图 3-12　剪应力 τ_a 与剪应变 γ_a 关系曲线(t_a=0.5 mm)

(1) R_s 和 t_a 对最大剪应力 τ_{amax} 的影响规律

① 随着钢板表面粗糙度 R_s 的增加，最大剪应力 τ_{amax} 增加。分析 R_s=0.341 增加至 R_s=0.767 的情况：当 t_a 由 0.5～1.0 mm 变化时，τ_{amax} 的增幅较大，最大增

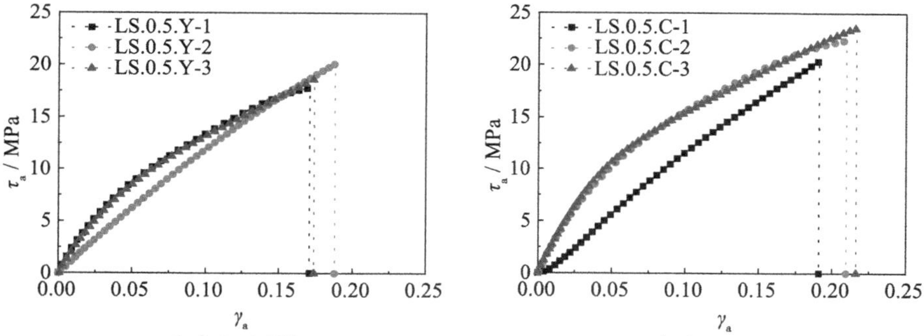

(c) R_s=1.665　　(d) R_s=2.346

图 3-12 （续）

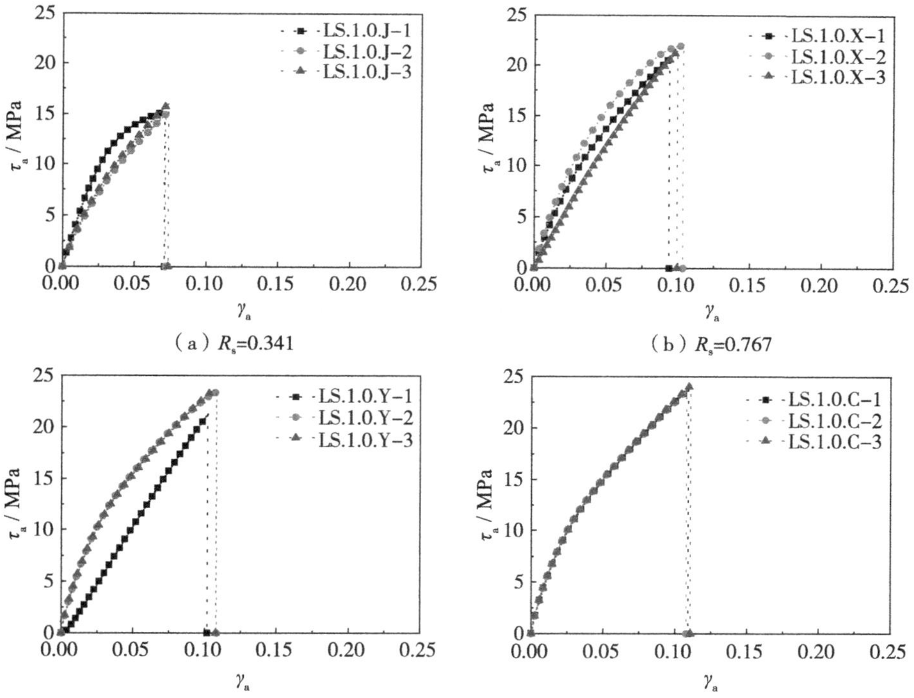

(a) R_s=0.341　　(b) R_s=0.767

(c) R_s=1.665　　(d) R_s=2.346

图 3-13 剪应力 τ_a 与剪应变 γ_a 关系曲线(t_a=1.0 mm)

幅达 45.0%；当 t_a 由 1.0～2.0 mm 变时，τ_{amax} 的增幅较小，增幅仅为 4.6%～10.5%。表明：R_s=0.767 左右时，加固界面已获得较大的抗剪强度。

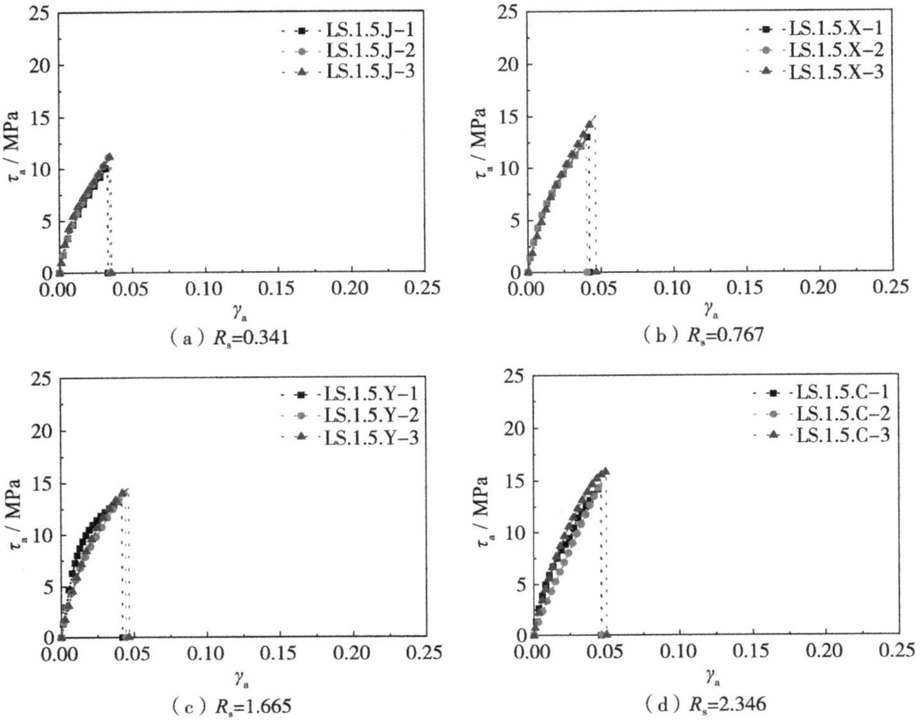

图 3-14 剪应力 τ_a 与剪应变 γ_a 关系曲线(t_a=1.5 mm)

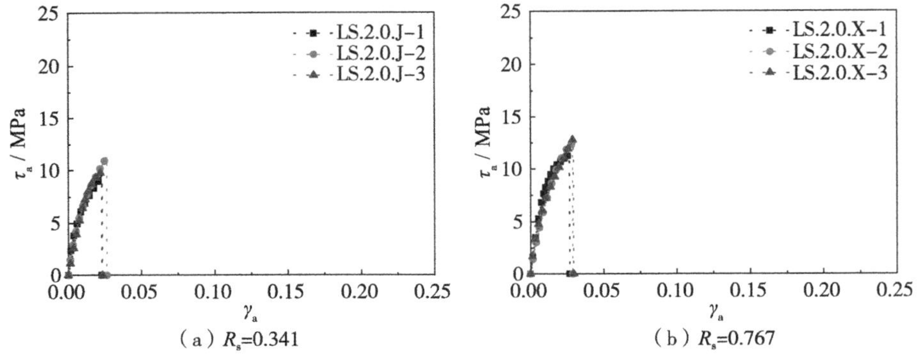

图 3-15 剪应力 τ_a 与剪应变 γ_a 关系曲线(t_a=2.0 mm)

② 随着加固界面胶层厚度 t_a 的增加，最大剪应力 τ_{amax} 呈现先增长后降低的变化趋势。当胶层厚度 t_a 从 0.5 mm 增加到 1.0 mm 时，τ_{amax} 呈增长的变化

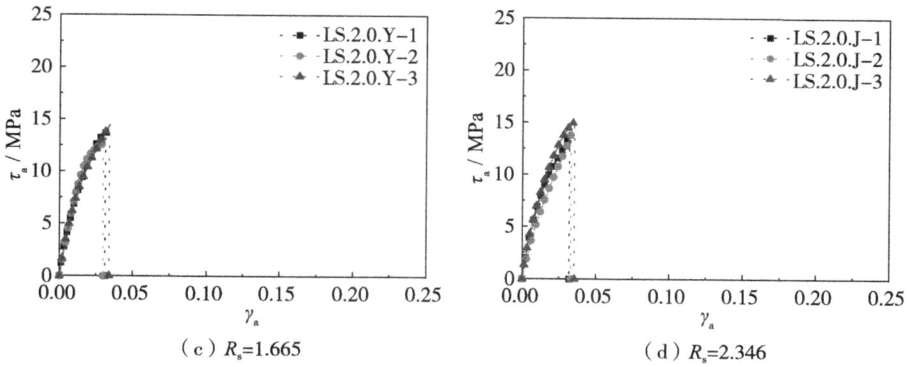

图 3-15 (续)

趋势，τ_{amax} 的增幅为 20.1%～26.8%；当胶层厚度 t_a 从 1.0 mm 增加到 2.0 mm 时，τ_{amax} 呈现减小的变化趋势，τ_{amax} 的最大减幅达 38.3%。可以看出，胶层厚度 t_a=1.0 mm 左右时，加固界面具有较大的抗剪强度。

(2) R_s 和 t_a 对最大剪应变 γ_{amax} 的影响规律

① 随着钢板表面粗糙度 R_s 的增加，最大剪应变 γ_{amax} 增加。分析 R_s=0.341 增加至 R_s=2.346 的情况：当 t_a=0.5 mm 时，γ_{amax} 从 0.112 6 增加到 0.205 6，增幅为 82.6%；当 t_a=1.0 mm 时，剪应变从 0.072 1 增加到 0.109 3，增幅为 51.6%；当 t_a=1.5 mm 时，剪应变从 0.034 3 增加到 0.047 5，增幅为 38.5%；当 t_a=2.0 mm 时，剪应变从 0.024 1 增加到 0.033 5，增幅为 39.0%。表明：随着加固界面胶层厚度 t_a 的增加，γ_{amax} 增幅不断减小。

② 随着加固界面胶层厚度 t_a 的增加，最大剪应变 γ_{amax} 降低。分析胶层厚度 t_a 从 0.5 mm 增加到 2.0 mm 的情况：当 R_s=0.341 时，γ_{amax} 由 0.112 6 降低到 0.024 1，降幅为 78.6%；当 R_s=0.767 时，γ_{amax} 由 0.163 2 降低到 0.028 4，降幅为 82.6%；当 R_s=1.665，γ_{amax} 从 0.177 6 降低到 0.031 7，降幅为 82.2%；当 R_s=2.346 时，γ_{amax} 从 0.205 6 降低到 0.033 5，降幅为 83.7%。表明：不同钢板表面粗糙度 R_s 下，γ_{amax} 增幅变化不大。

表 3-7 τ_{amax}、γ_{amax}、G_a 随 R_s、t_a 变化的规律

试样编号	R_s	t_a /mm	τ_{amax} /MPa	$\bar{\tau}_{amax}$ /MPa	γ_{amax}	$\bar{\gamma}_{amax}$	G_a/GPa	$\bar{G}_a$ /GPa
LS.0.5.J-1	0.341	0.5	11.43		0.107 9		0.281 7	
LS.0.5.J-2	0.341	0.5	12.84	12.12	0.119 3	0.112 6	0.271 2	0.269 3
LS.0.5.J-3	0.341	0.5	12.08		0.110 6		0.254 9	
LS.0.5.X-1	0.767	0.5	17.06		0.159 3		0.304 7	
LS.0.5.X-2	0.767	0.5	16.77	17.57	0.155 1	0.163 2	0.263 8	0.278 3
LS.0.5.X-3	0.767	0.5	18.87		0.175 2		0.266 3	
LS.0.5.Y-1	1.665	0.5	17.82		0.170 8		0.304 8	
LS.0.5.Y-2	1.665	0.5	20.11	18.85	0.188 0	0.177 6	0.239 6	0.280 1
LS.0.5.Y-3	1.665	0.5	18.61		0.174 0		0.295 9	
LS.0.5.C-1	2.346	0.5	20.42		0.191 1		0.286 1	
LS.0.5.C-2	2.346	0.5	22.37	22.12	0.209 5	0.205 6	0.304 8	0.305 8
LS.0.5.C-3	2.346	0.5	23.57		0.216 2		0.326 6	
LS.1.0.J-1	0.341	1.0	15.18		0.070 9		0.363 9	
LS.1.0.J-2	0.341	1.0	14.95	15.37	0.071 6	0.072 0	0.285 7	0.316 7
LS.1.0.J-3	0.341	1.0	15.98		0.073 6		0.300 4	
LS.1.0.X-1	0.767	1.0	20.65		0.094 1		0.336 8	
LS.1.0.X-2	0.767	1.0	21.95	21.35	0.103 6	0.099 1	0.368 5	0.317 1
LS.1.0.X-3	0.767	1.0	21.44		0.099 5		0.245 9	
LS.1.0.Y-1	1.665	1.0	21.22		0.101 8		0.196 0	
LS.1.0.Y-2	1.665	1.0	23.39	22.77	0.108 1	0.105 8	0.383 9	0.317 9
LS.1.0.Y-3	1.665	1.0	23.70		0.107 6		0.373 9	
LS.1.0.C-1	2.346	1.0	23.74		0.109 2		0.356 9	
LS.1.0.C-2	2.346	1.0	23.62	23.84	0.107 8	0.109 3	0.354 9	0.354 4
LS.1.0.C-3	2.346	1.0	24.17		0.110 9		0.351 5	
LS.1.5.J-1	0.341	1.5	10.30		0.033 1		0.359 3	
LS.1.5.J-2	0.341	1.5	11.26	10.99	0.034 3	0.034 3	0.387 3	0.380 2
LS.1.5.J-3	0.341	1.5	11.41		0.035 4		0.394 0	
LS.1.5.X-1	0.767	1.5	13.25		0.042 2		0.406 4	
LS.1.5.X-2	0.767	1.5	13.03	13.79	0.040 5	0.043 1	0.409 5	0.406 5
LS.1.5.X-3	0.767	1.5	15.09		0.046 6		0.403 5	

表3-7(续)

试样编号	R_s	t_a /mm	τ_{amax} /MPa	$\overline{\tau}_{amax}$ /MPa	γ_{amax}	$\overline{\gamma}_{amax}$	G_a/GPa	$\overline{G}_a$ /GPa
LS. 1. 5. Y-1	1.665	1.5	13.45		0.042 0		0.451 6	
LS. 1. 5. Y-2	1.665	1.5	14.21	14.06	0.044 4	0.044 3	0.396 6	0.421 8
LS. 1. 5. Y-3	1.665	1.5	14.51		0.046 5		0.417 3	
LS. 1. 5. C-1	2.346	1.5	14.56		0.046 1		0.427 0	
LS. 1. 5. C-2	2.346	1.5	14.92	15.12	0.046 7	0.047 5	0.404 6	0.427 0
LS. 1. 5. C-3	2.346	1.5	15.89		0.049 8		0.449 5	
LS. 2. 0. J-1	0.341	2.0	9.52		0.022 7		0.432 0	
LS. 2. 0. J-2	0.341	2.0	11.29	10.24	0.026 3	0.024 1	0.439 5	0.435 5
LS. 2. 0. J-3	0.341	2.0	9.92		0.023 2		0.435 0	
LS. 2. 0. X-1	0.767	2.0	11.42		0.026 8		0.443 6	
LS. 2. 0. X-2	0.767	2.0	12.46	12.26	0.028 9	0.028 4	0.457 6	0.452 4
LS. 2. 0. X-3	0.767	2.0	12.91		0.029 5		0.455 9	
LS. 2. 0. Y-1	1.665	2.0	13.66		0.031 3		0.444 8	
LS. 2. 0. Y-2	1.665	2.0	12.55	13.54	0.029 8	0.031 7	0.499 8	0.457 2
LS. 2. 0. Y-3	1.665	2.0	14.42		0.034 0		0.427 1	
LS. 2. 0. C-1	2.346	2.0	13.58		0.031 9		0.452 9	
LS. 2. 0. C-2	2.346	2.0	13.87	14.17	0.033 1	0.033 5	0.430 1	0.461 4
LS. 2. 0. C-3	2.346	2.0	15.06		0.035 4		0.501 2	

3.5.2 剪切变形模量特征

3.5.2.1 剪切变形模量的定义

图 3-16 为加固界面剪切变形模量计算方法示意图，图中曲线为试样界面上某一点的 τ_a-γ_a 曲线。当 τ_a-γ_a 曲线中缺乏直线形式的区域时，通常采用曲线上某点切线的斜率或某一区间割线的斜率作为其变形模量。本书选择 τ_a-γ_a 曲线上若干小区段，割线斜率的平均值作为其剪切变形模量 G_a，具体方法如下：在 τ_a-γ_a 曲线上选取 n 点，如图 3-16 所示，第 n 点的剪应力为 $\tau_{an}=60\%\times\tau_{amax}$；考察第 i 点、第 $i+1$ 点，其剪应力分别 τ_{ai}、τ_{ai+1}，剪应变分别 γ_a、γ_{ai+1}，则该区段曲线的割线模量(斜率)G_{ai} 为：

$$G_{ai}=\frac{\tau_{ai+1}-\tau_{ai}}{\gamma_{ai+1}-\gamma_{ai}} \tag{3-1}$$

计算曲线中 n 个区段的割线模量，并做几何平均，得到 τ_a- γ_a 曲线的剪切变形模量表达式：

$$G_a=\frac{1}{n}\sum_{i=1}^{n}G_{ai}=\frac{1}{n}\sum_{i=1}^{n}\frac{\tau_{ai+1}-\tau_{ai}}{\gamma_{ai+1}-\gamma_{ai}} \tag{3-2}$$

式(3-2)即为 CFRP-钢加固界面剪切变形模量的定义表达式。

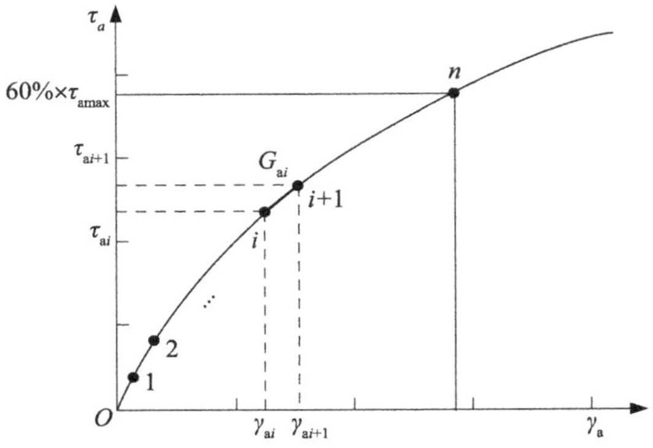

图 3-16　加固界面剪切变形模量计算方法示意图

3.5.2.2　剪切变形模量的变化特征

借助式(3-2)，分别计算各试样加固界面的剪切变形模量 G_a，如表 3-7 所示，并给出 G_a 随试样钢板粗糙度 R_s、加固界面胶层厚度 t_a 的变化曲线，分别如图 3-17 和图 3-18 所示。由表 3-7、图 3-17 和图 3-18 可以得到：

① 对同一胶层厚度 t_a 的试样，随着钢板表面粗糙度 R_s 变化，试样加固界面的剪切变形模量 G_a 变化不大，如图 3-17 所示。表明：钢板表面粗糙度 R_s 对试样的抗剪切变形能力影响较弱。

② 对同一种钢板表面粗糙度 R_s 的试样，随着加固界面胶层厚度 t_a 的变化，试样加固界面的剪切变形模量 G_a 变化较为明显，如图 3-18 所示。分析加固界面胶层厚度 t_a 由 0.5mm 增加至 2.0 mm 情况：当 R_s=0.341 时，G_a 变化为 0.269 3～0.435 5 GPa，增幅为 61.7%；当 R_s=0.767 时，G_a 变化为 0.278 3～0.452 4 GPa，增幅为 62.6%；当 R_s=1.665 时，G_a 变化为 0.280 1～0.457 2 GPa，增幅为 63.2%；当 R_s=2.346 时，G_a 变化为 0.305 9～0.427 1 GPa，增幅为 39.6%。表明：加固界面胶层厚度 t_a 对试样的抗剪切变形能力的影响较大，特别当 R_s 较小时较为突出。

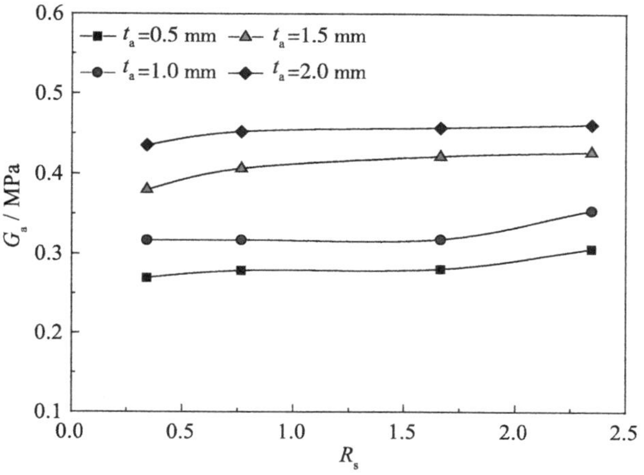

图 3-17 G_a 随粗糙度 R_s 变化的曲线

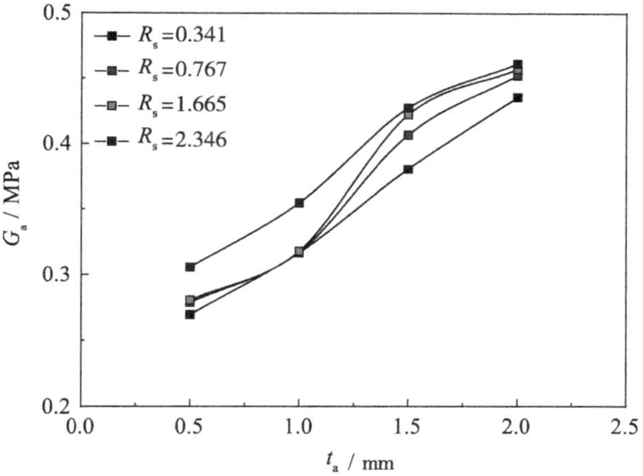

图 3-18 G_a 随胶层厚度 t_a 变化的曲线

3.6 本章小结

本章借助第 2 章提出的试验方法，对 CFRP-钢加固界面抗剪切特性进行了一系列测定，得到了 CFRP-钢加固界面的极限承载能力、CFRP 板和钢板的轴向应变分布等规律，分析得到了 CFRP 板加固界面的剪应力与剪应变分布特征，系统地探讨了试样中钢板表面粗糙度 R_s、加固界面胶层厚度 t_a 对 CFRP-钢加固界面抗剪切特性的影响。主要结论如下：

① 胶层厚度 t_a、钢板表面粗糙度 R_s 对试样的极限承载力 P_{kavg} 具有较大影响：随胶层厚度 t_a 的增加，P_{kavg} 呈先增加后减小的变化规律，$t_a=1.0$ mm 左右，试样具有较高的极限承载力 P_{kavg}；随试样钢板表面粗糙度 R_s 的增加，试样的极限承载力 P_{kavg} 呈增大的变化趋势，当 $R_s=0.767$ 左右，P_{kavg} 增幅最大。表明：$t_a=1.0$ mm、$R_s=0.767$ 左右，试样加固界面具有较高的抗剪切能力。

② 测试得到了试样 CFRP 板和钢板的轴向线应变分布规律，并基于第 2 章的理论求得了 CFRP-钢加固界面剪应变 γ_a 的分布及其随钢板表面粗糙度 R_s、加固界面胶层厚度 t_a 的变化规律。

③ 基于试样 CFRP 板和钢板的轴向线应变的测试结果，分析得到了试样 CFRP-钢加固界面剪应力 τ_a 的分布特征：τ_a 沿试样轴向呈线性规律变化；试样钢板间隙附近 τ_a 较大，CFRP 板端部处 τ_a 趋于零。表明：试样两钢板间隙附近区域的 CFRP 板承受了大部分荷载，为 CFRP 板的主要承载区。

④ 借助试样钢板及 CFRP 板的轴向线应变测量，得到了加固界面上某一点的剪应力-剪应变曲线，分析给出了最大剪应力 τ_{amax}、最大剪应变 γ_{amax}、界面剪切变形模量 G_a 的变化特征及随试样钢板表面粗糙度 R_s、界面胶层厚度 t_a 的变化规律。

⑤ 当试样钢板表面粗糙度 $R_s=0.767$、胶层厚度 $t_a=1.0$ mm 时，加固界面可获得较好的抗剪强度和抗剪切变形能力。结果可为基于 CFRP 的钢结构加固技术与工艺研究提供参考。

4 CFRP-钢加固界面的剪切蠕变特性

CFRP-钢加固界面剪切蠕变特性是保证钢结构加固完成后长期力学特性的重要影响因素。CFRP-钢加固界面承受荷载长期作用，易导致CFRP-钢加固界面发生蠕变失稳，其剪切蠕变特性对钢结构的加固效果有决定性影响。因此有必要对CFRP-钢加固界面的剪切蠕变特性进行研究。本章通过开展分级加载剪切蠕变试验，首先分析了不同位置处CFRP-钢加固界面剪切蠕变基本特征，研究得到了胶层厚度t_a和粗糙度R_s对CFRP-钢加固界面的剪切蠕变变形特征、剪切蠕变速率特征以及长期强度特征的影响规律。

4.1 剪切蠕变试验方案及试验步骤

4.1.1 试验方法

材料蠕变试验的加载方法主要包括三种：分级加载、分别加载和分级加卸载。其中，分级加载是针对同一试件逐级施加荷载，待变形趋于稳定后再进行下一级加载；分别加载是针对同一材料的不同试件施加不同的应力水平，与分级加载相比，该方法对试验材料的均质性和试验条件要求较高；分级加卸载是在分级加载的基础上增加了卸载环节，即当试件变形趋于稳定或者达到蠕变时间后立即卸载，间隔一段时间再施加下一级荷载，重复上述步骤，直至试样破坏，该方法目前使用较少。综上所述，本章选择分级加载作为蠕变试验的加载方法。

目前，国内外学者针对蠕变试验数据的处理方法主要包括两种，一种是只能用于处理线性蠕变的Boltzmann叠加方法，另一种则是被广泛采用的陈氏加载法，该方法可用于处理非线性蠕变试验数据，目前应用范围较广，本章选择陈氏加载法处理蠕变试验数据。

4.1.2 试验方案

CFRP-钢加固界面剪切蠕变选取的试验变量与第3章相同，即胶层厚度t_a

和粗糙度 R_s。分级加载荷载选取的依据为 CFRP-钢加固界面极限承载力，采用 0.2 mm/min 的加载速率加载至试件极限荷载强度值的 30%，持荷 3 600 s；然后以极限强度值的 10%作为加载等级对其进行分级加载，每个等级均持荷 3 600 s，直至试件破坏，分级加载应力加载示意图如图 4-1 所示。需要说明的是，试验机施加的荷载是动态稳定的，长期加载设备损耗加大，因此，将保载时间设置为 3 600 s。

试验共涉及 4 个胶层厚度 t_a 和 4 个粗糙度 R_s，两两组合，共计 16 组试验，若每组试验重复开展 3 次，则共需 48 个试件，不可能在有限的时间内完成全部试验。此外，由第 3 章可知，在一定的荷载水平下，不同位置处剪应力水平不同，由此可能造成蠕变规律不一致，因此，需要引入一个新的变量，即相邻两个应变片中心与加载端距离 l_s（以下简称距离 l_s），其值分别为 8.5 mm、16.5 mm、24.5 mm 和 32.5 mm。本章首先研究不同距离 l_s 下 CFRP-钢加固界面剪切蠕变基本特征，在此基础上，采用控制变量法开展 CFRP-钢加固界面分级蠕变试验，具体蠕变试验方案见表 4-1。

表 4-1 分级加载试验方案

影响因素	保载时间/s	加载速率/(mm/min)	胶层厚度 t_a/mm	粗糙度 R_s
胶层厚度 t_a	3 600	0.2	0.5、1.0、1.5、2.0	0.767
粗糙度 R_s	3 600	0.2	1.0	0.341、0.767、1.665、2.346

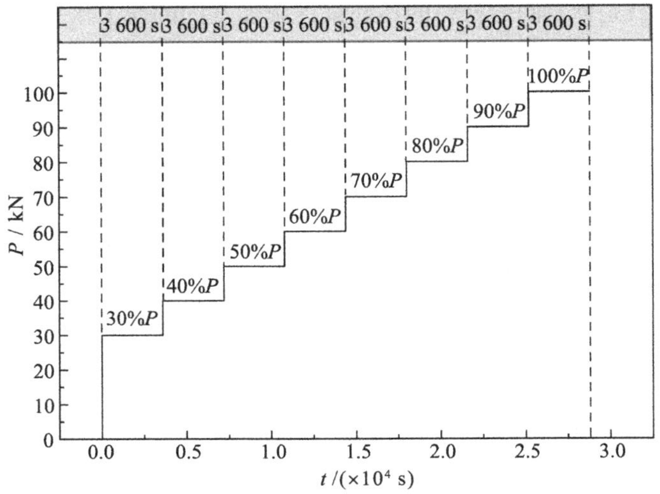

图 4-1 分级加载蠕变试验方案应力加载示意图

4.2 CFRP-钢加固界面剪切蠕变基本特征

4.2.1 剪切蠕变变形基本特征

根据试验方案，首先分析胶层厚度 $t_a=1.0$ mm、粗糙度 $R_s=2.346$ 时，CFRP-钢加固界面不同位置处剪切蠕变变形特征，采用第 2 章公式获得相邻两个应变片中心与加载端距离 l_s（以下简称距离 l_s）分别为 8.5 mm、16.5 mm、24.5 mm 和 32.5 mm。图 4-2 给出了不同距离 l_s 下 CFRP-钢加固界面剪应变 γ_a 时程曲线。由图 4-2 可知，不同距离 l_s 下 CFRP-钢加固界面剪切蠕变曲线具有相似的变化特征，具体如下：

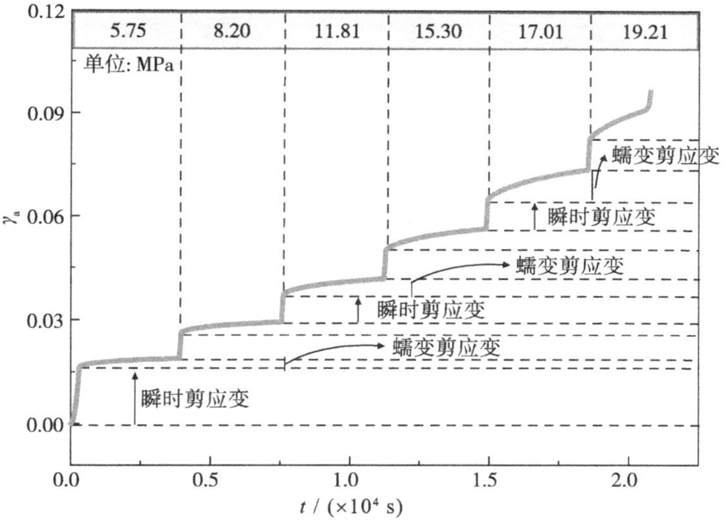

(a) l_s=8.5 mm

图 4-2 不同距离 l_s 下 CFRP-钢加固界面剪切蠕变曲线（t_a=1.0 mm，R_s=2.346）

① 低应力水平下，CFRP-钢加固界面经历短暂的减速蠕变后，其变形趋于稳定，如图 4-2 中第一级蠕变时程曲线（剪应力水平为 5.75 MPa）；中等应力水平下，CFRP-钢加固界面经历短暂的减速蠕变后，其变形以固定斜率稳步增长，

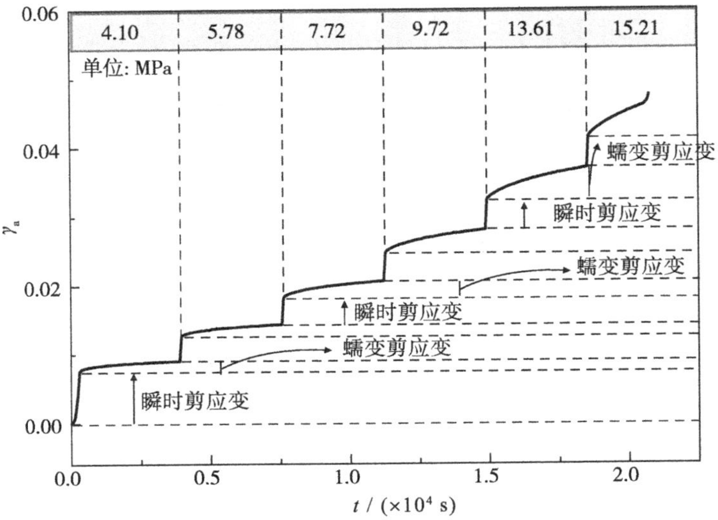

（b）l_s=16.5 mm

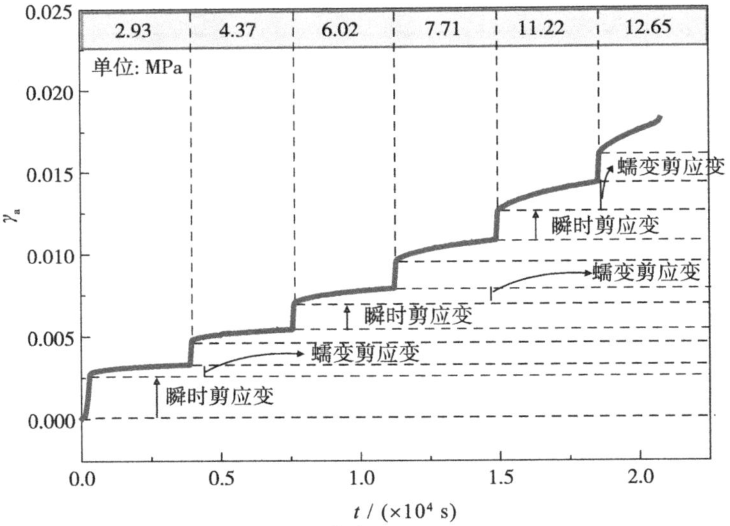

（c）l_s=24.5 mm

图 4－2 （续）

如图 4－2 中第三级蠕变时程曲线(剪应力水平为 11.81 MPa)；高应力水平下，CFRP－钢加固界面呈现完整的蠕变三阶段，即包含减速蠕变、等速蠕变和加速蠕变，如图 4－2 中最后一级蠕变时程曲线所示(剪应力水平为 19.21 MPa)。

② 同一荷载水平下，不同位置处加固界面剪应力水平不同。以荷载水平为

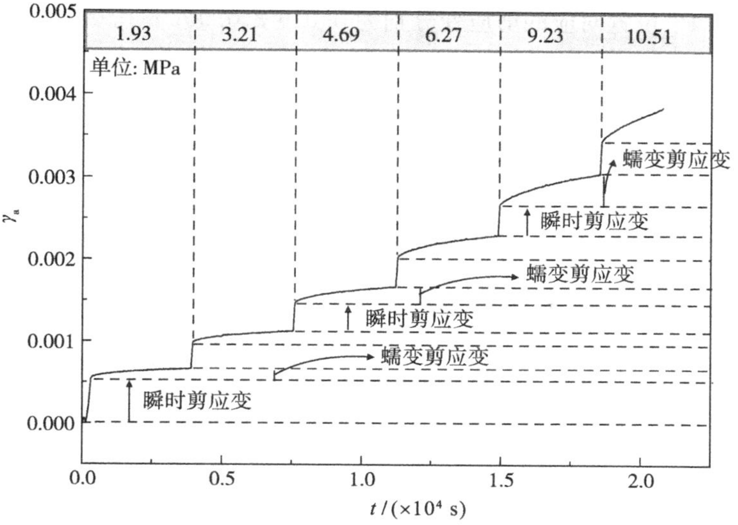

(d) l_s=32.5 mm

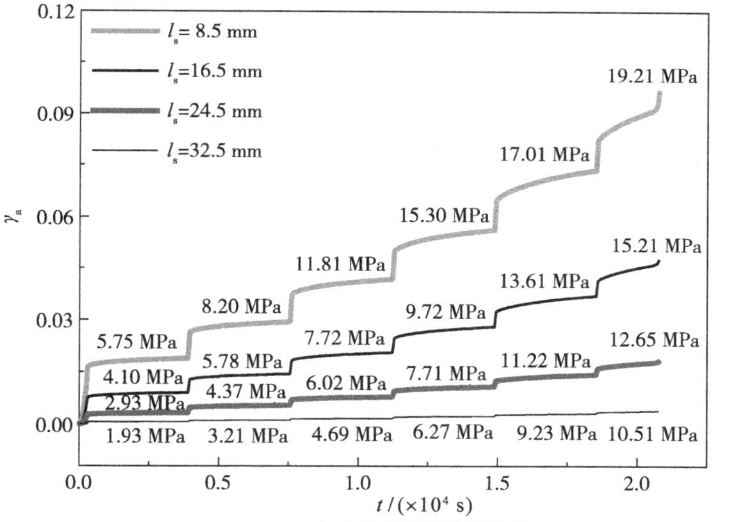

(e) 剪切蠕变曲线汇总

图 4-2 (续)

4.67 kN 为例，l_s=8.5 mm、l_s=16.5 mm、l_s=24.5 mm、l_s=32.5 mm 四个位置对应的剪应力水平分别为 5.75 MPa、4.10 MPa、2.93 MPa、1.93 MPa；同一荷载水平下，不同位置处加固界面剪应变不同。距离加载端距离越近，剪应变越大。荷载水平为 4.67 kN 时，l_s=8.5 mm、l_s=16.5 mm、l_s=24.5 mm、l_s=

32.5 mm 四个位置对应的剪应变分别为 0.016 2、0.007 6、0.002 7、0.000 5；随着荷载增加，同一位置处剪应力水平增加，剪应变增加。以 l_s = 8.5 mm 处为例，当荷载水平由 4.67 kN 增大到 12.45 kN 时，剪应力水平从 5.75 MPa 增大到 19.21 MPa，剪应变从 0.016 2 增大到 0.083 4；随着剪应力水平增加，同一位置蠕变剪应变增加。以 l_s = 7.5 mm 为例，当剪应力水平从 5.75 MPa 增大到 19.21 MPa 时，加固界面持载过程累计剪切蠕变值从 0.001 9 增大到 0.006 1。

4.2.2 剪切蠕变速率基本特征

通过计算不同 l_s 下 CFRP-钢加固界面蠕变时程曲线的斜率，获得 CFRP-钢加固界面剪切蠕变速率随时间的变化规律，如图 4-3 所示。

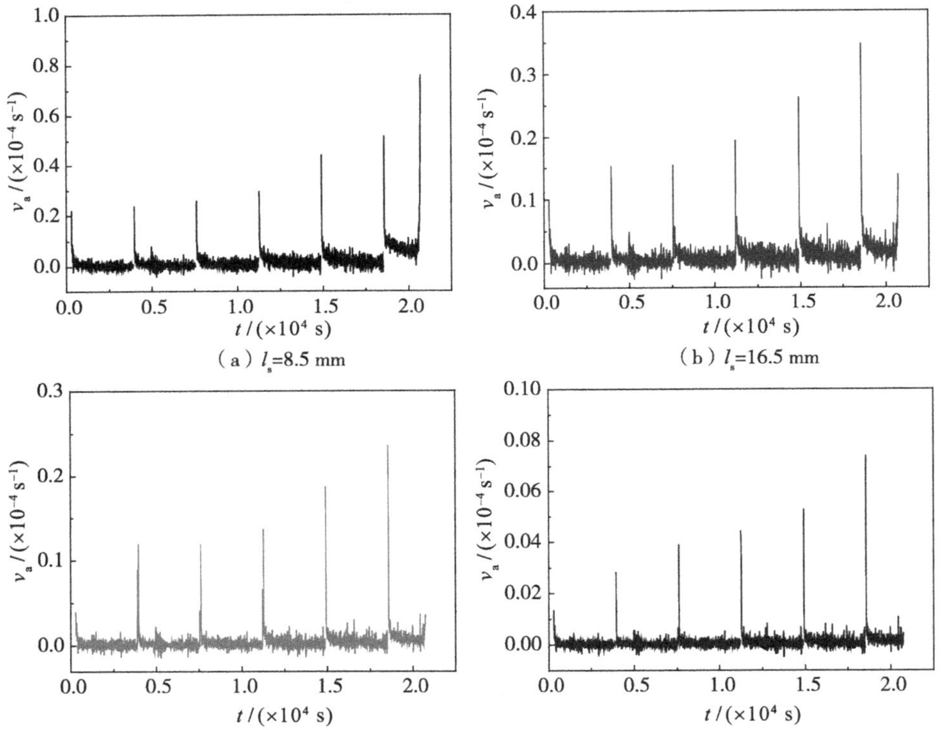

图 4-3　加固界面剪切蠕变速率随时间变化曲线(t_a=1.0 mm,R_s=2.346)

由图 4-3 可知：

① 在前五级蠕变加载过程中，蠕变速率曲线为 L 形。初始保载阶段，蠕变

变形速率较大，随时间推移，蠕变变形速率逐渐减小并趋于常数。在第六级蠕变加载中，蠕变速率曲线呈现先减小、然后恒定和最后增大的变化特征。

② 相同荷载水平下，不同位置处减速蠕变的初始速率不同，距离加载端越近，减速蠕变的初始速率越大。例如，当荷载水平为 4.67 kN，l_s=8.5 mm、l_s=16.5 mm、l_s=24.5 mm 和 l_s=32.5 mm 四个位置对应的减速蠕变的初始速率分别为 $21.95\times10^{-6}\ s^{-1}$、$9.83\times10^{-6}\ s^{-1}$、$3.95\times10^{-6}\ s^{-1}$、$1.33\times10^{-6}\ s^{-1}$，整体呈现非线性减小的变化趋势。

③ 相同荷载水平下，不同位置处稳态蠕变速率不同，距离加载端越近，稳态蠕变速率越大。例如，当荷载水平为 4.67 kN，l_s=8.5 mm、l_s=16.5 mm、l_s=24.5 mm 和 l_s=32.5 mm 四个位置对应的稳态蠕变速率分别为 $1.86\times10^{-6}\ s^{-1}$、$1.26\times10^{-6}\ s^{-1}$、$0.82\times10^{-6}\ s^{-1}$、$0.17\times10^{-6}\ s^{-1}$，整体呈现非线性减小的变化趋势。

④ 同一位置处，随剪应力水平增加，减速蠕变的初始速率和稳态蠕变速率增加。以 l_s=8.5 mm 为例，当剪应力水平从 5.75 MPa 增大到 19.21 MPa，减速蠕变的初始速率从 $21.95\times10^{-6}\ s^{-1}$ 增大到 $51.49\times10^{-6}\ s^{-1}$，增幅为 134.58%，稳态蠕变速率从 $1.96\times10^{-6}\ s^{-1}$ 增大到 $5.32\times10^{-6}\ s^{-1}$，增幅为 171.43%。

4.3　胶层厚度对 CFRP-钢加固界面剪切蠕变特性的影响

4.3.1　剪切蠕变变形特征

根据试验方案获得了不同胶层厚度（t_a=0.5 mm、1.0 mm、1.5 mm 和 2.0 mm）下 CFRP-钢加固界面剪应变 γ_a 时程曲线和蠕变时程曲线，如图 4-4 和图 4-5 所示。

由 4.2 章节可知，加载端头处的剪应力 τ_a 最大，产生的剪应变 γ_a 最大，该位置是 CFRP-钢加固界面破坏起始点。因此，本节在分析 CFRP-钢加固界面剪切蠕变特性时，选取距离加载端最近点（l_s=8.5 mm）的蠕变数据进行分析，其他位置蠕变数据分析过程与此类似。

由图 4-4 和图 4-5 可以看出，不同胶层厚度 t_a 下 CFRP-钢加固界面剪应变时程曲线具有如下特征：

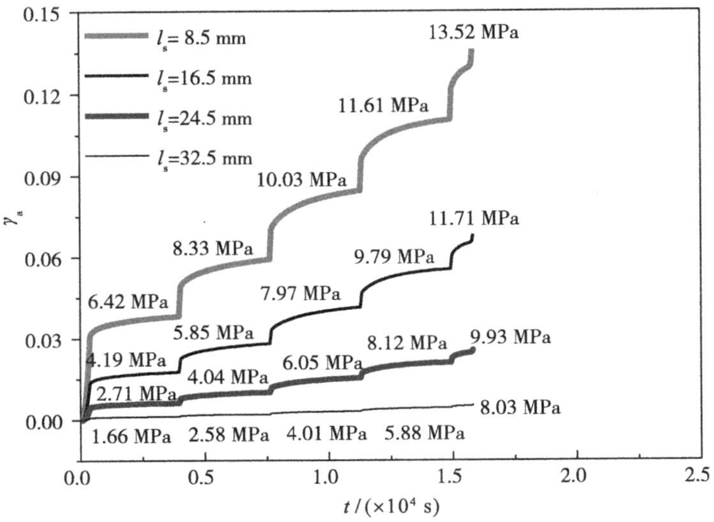

（a） t_a=0.5 mm

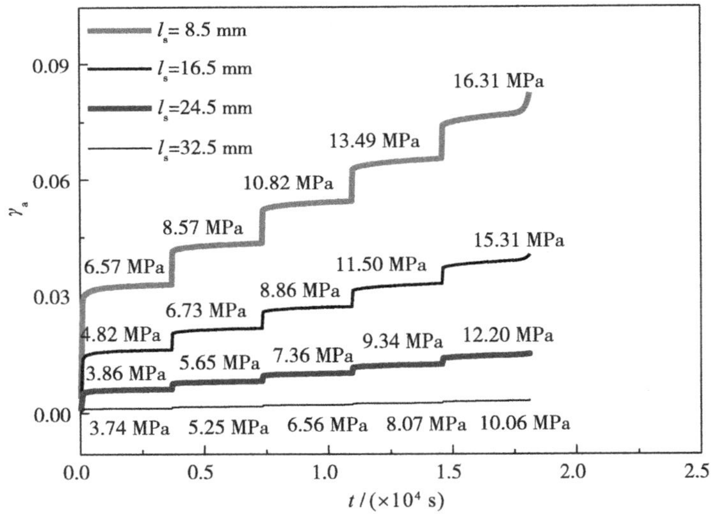

（b） t_a=1.0 mm

图 4-4　不同胶层厚度 t_a 下 CFRP-钢加固界面剪应变时程曲线

① 同一荷载水平下，不同位置处 CFRP-钢加固界面剪应变不同，距离加载端距离越近，剪应力水平越大，蠕变剪应变越大。

② 低应力水平下，CFRP-钢加固界面经历短暂的减速蠕变后，其变形趋于稳定，如图 4-5 中第一级蠕变时程曲线；中等应力水平下，CFRP-钢加固界面

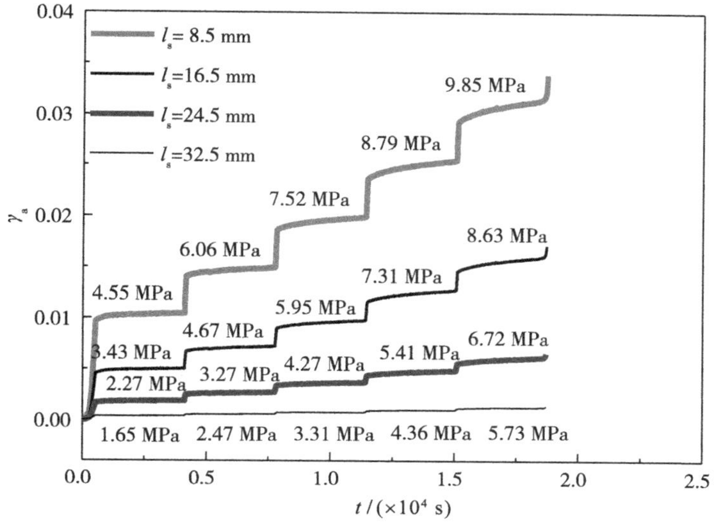

（c）t_a=1.5 mm

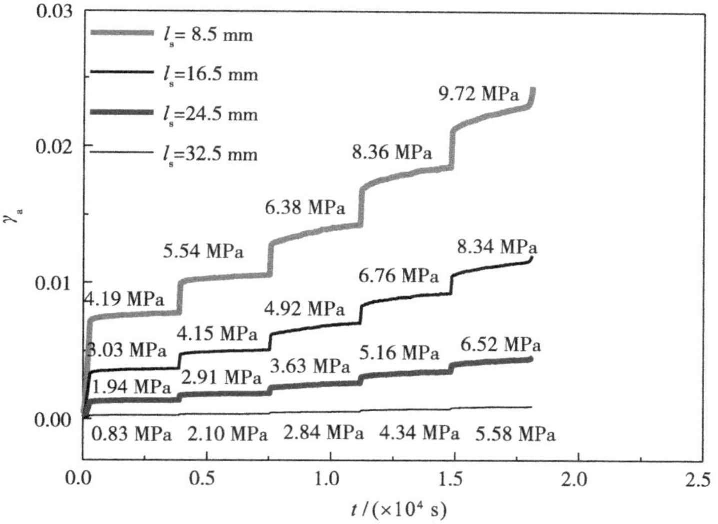

（d）t_a=2.0 mm

图 4 - 4　（续）

经历短暂的减速蠕变后，其变形以固定斜率稳步增长，如图 4 - 5 中第三级蠕变时程曲线；高应力水平下，CFRP-钢加固界面呈现完整的蠕变三阶段，即包含减速蠕变、等速蠕变和加速蠕变，如图 4 - 5 中最后一级蠕变时程曲线所示。

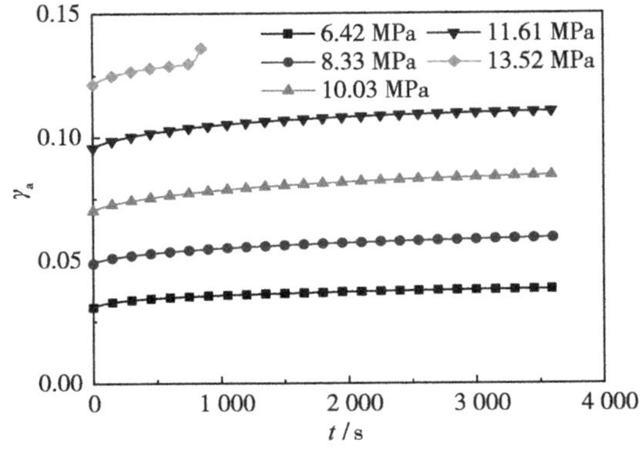

（a） t_a=0.5 mm

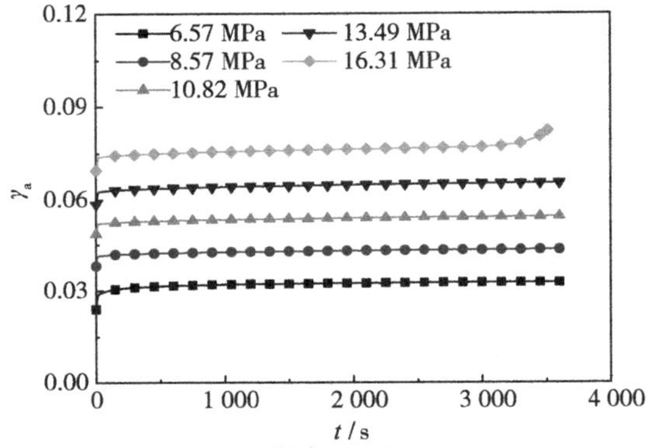

（b） t_a=1.0 mm

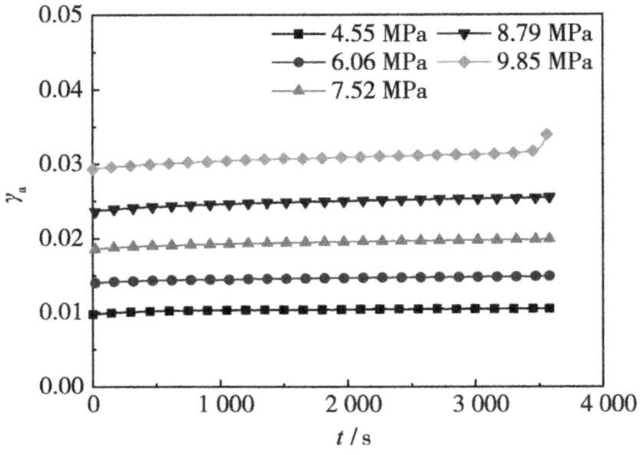

（c） t_a=1.5 mm

图 4-5　不同胶层厚度 t_a 下 CFRP-钢加固界面蠕变时程曲线

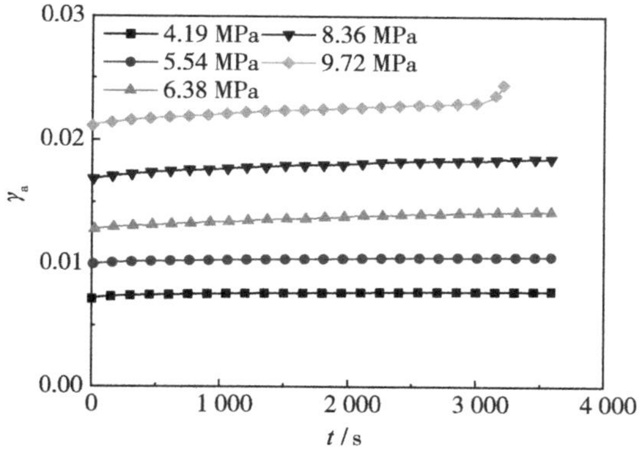

(d) t_a=2.0 mm

图 4-5 (续)

为了研究胶层厚度 t_a 对 CFRP-钢加固界面剪切蠕变变形量的影响，对蠕变数据进行处理，获得了不同应力水平下瞬时应变和蠕变应变随胶层厚度 t_a 变化曲线图，如图 4-6 所示。

由图 4-6 可以看出，随胶层厚度 t_a 的增加，瞬时应变和蠕变应变均呈现减小的变化特征。胶层厚度 t_a 由 0.5 mm 增至 1.5 mm，瞬时应变和蠕变应变均呈现减小幅度较大的变化特征，胶层厚度 t_a 由 1.5 mm 增至 2.0 mm 时，减小

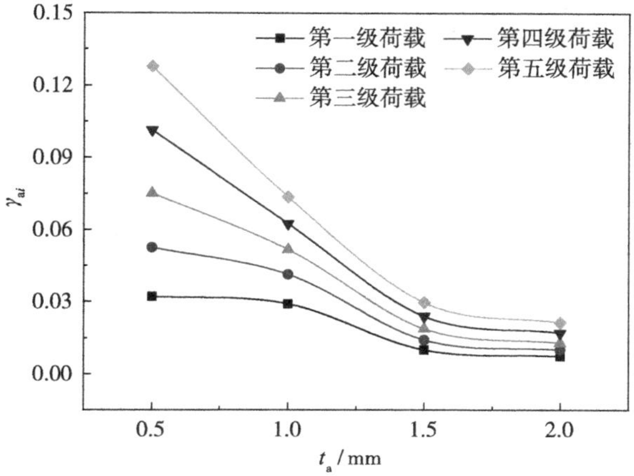

(a) 瞬时应变

图 4-6 瞬时应变和蠕变应变随胶层厚度 t_a 变化曲线

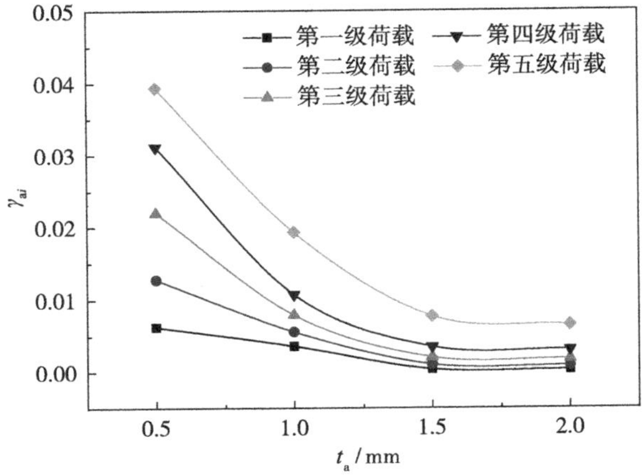

（b）蠕变应蠕

图 4-6 （续）

幅度较小。例如，对于第五级荷载，胶层厚度 t_a 由 0.5 mm 增至 1.5 mm，瞬时应变由 0.127 78 降至 0.029 72，降幅为 76.74%，蠕变应变由 0.039 36 降至 0.007 74，降幅为 80.34%；胶层厚度 t_a 由 1.5 mm 增至 2.0 mm，瞬时应变由 0.029 72 降至 0.021 42，降幅为 27.93%，蠕变应变由 0.007 74 降至 0.006 54，降幅为 15.50%。

4.3.2 剪切蠕变速率特征

通过计算不同胶层厚度 t_a 下 CFRP-钢加固界面蠕变时程曲线的斜率，获得 CFRP-钢加固界面剪切蠕变速率随时间的变化规律，如图 4-7 所示。提取图 4-7 中稳态剪切蠕变速率值，见表 4-2，绘制不同胶层厚度 t_a 下 CFRP-钢加固界面稳态剪切蠕变速率随应力水平变化曲线图，如图 4-8 所示。

表 4-2 蠕变速率 v_a 与胶层厚度 t_a 变化关系

胶层厚度 t_a	蠕变速率 v_a/($\times10^{-6}$ s^{-1})					
	1	2	3	4	5	6
t_a=0.5 mm	4.86	5.01	5.09	5.49	6.97	—
t_a=1.0 mm	2.86	3.18	3.23	3.77	5.66	—
t_a=1.5 mm	1.62	1.68	1.78	2.05	2.87	—
t_a=2.0 mm	1.15	1.18	1.25	1.56	2.25	—

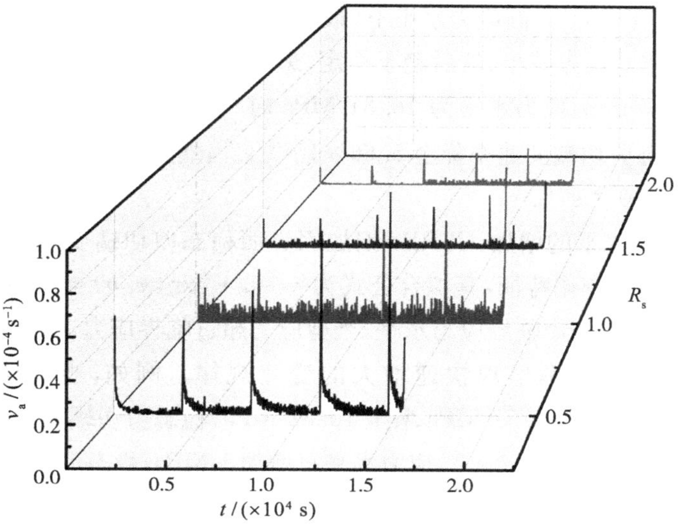

图 4-7 不同胶层厚度 t_a 下剪切蠕变速率时程曲线

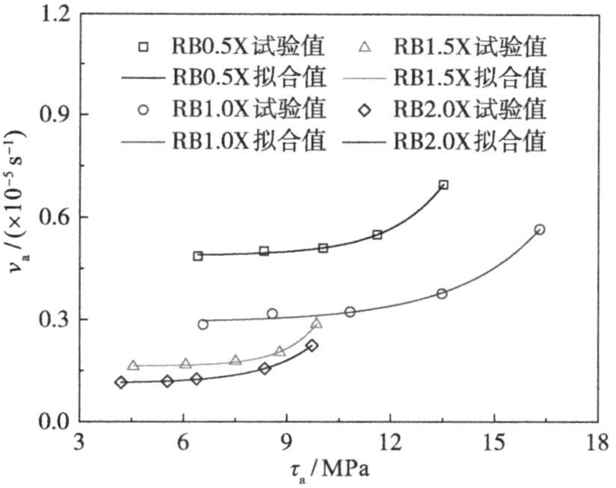

图 4-8 不同胶层厚度 t_a 下稳态蠕变速率随剪应力水平变化曲线

由图 4-7、图 4-8 和表 4-2 可以看出，不同胶层厚度 t_a 下 CFRP-钢加固界面剪切蠕变速率变化规律基本一致，但也存在不同之处，具体如下：

① 低应力水平下，CFRP-钢加固界面剪切蠕变速率呈现先减小后趋于稳定的变化特征。例如，当胶层厚度 t_a 为 1.0，应力水平为 6.57 MPa 时，初始剪切蠕变速率为 $26.16\times10^{-6}\ s^{-1}$，剪切蠕变时间持续 3 600 s，其稳态剪切蠕变速

率为 2.86×10^{-6} s^{-1}。高应力水平下(最后一级应力水平),CFRP-钢加固界面剪切蠕变速率呈现先减小、然后趋于稳定、最后增大的变化特征。例如,当胶层厚度 t_a 为 1.0 mm,应力水平为 16.31 MPa 时,初始剪切蠕变速率为 55.63×10^{-6} s^{-1},稳态剪切蠕变速率降至 5.66×10^{-6} s^{-1},蠕变破坏时其剪切蠕变速率增至 84.46×10^{-6} s^{-1}。

② 随应力水平的增加,CFRP-钢加固界面稳态剪切蠕变速率均呈现非线性指数型增大的变化特征,其拟合公式为 $y=a\cdot\exp(x/b)+c$,拟合参数见表 4-3,这表明存在一个临界应力水平,当剪应力超过临界应力,CFRP-钢加固界面稳态剪切蠕变速率呈现快速增大的变化规律。例如,当胶层厚度 t_a 为 1.0 mm,应力水平由 6.57 MPa 增至 10.82 MPa,稳态剪切蠕变速率由 2.86×10^{-6} s^{-1} 增至 3.23×10^{-6} s^{-1},应力水平每增加 1 MPa,稳态剪切蠕变速率仅增加 0.09×10^{-6} s^{-1};当应力水平由 10.82 MPa 增至 16.31 MPa,稳态剪切蠕变速率由 3.23×10^{-6} s^{-1} 增至 5.66×10^{-6} s^{-1},应力水平每增加 1 MPa,稳态剪切蠕变速率则增加 0.44×10^{-6} s^{-1}。

③ 固定应力水平下,随胶层厚度 t_a 的增加,其稳态剪切蠕变速率呈非线性减小的变化趋势,例如,当应力水平为 9 MPa 时,胶层厚度 t_a 由 0.5 mm 增至 1.0 mm,稳态剪切蠕变速率由 4.98×10^{-6} s^{-1} 降至 3.04×10^{-6} s^{-1},降幅为 38.96%;胶层厚度 t_a 由 1.5 mm 增至 2.0 mm,稳态剪切蠕变速率由 2.13×10^{-6} s^{-1} 降至 1.79×10^{-6} s^{-1},降幅仅为 15.96%。

表 4-3 不同胶层厚度 t_a 下蠕变速率拟合参数表

试件编号	蠕变速率拟合公式参数			R^2
	a/s^{-1}	b/MPa	c/s^{-1}	
RB0.5X	3.72×10^{-10}	1.57	4.88×10^{-6}	0.960 9
RB1.0X	3.94×10^{-9}	2.49	2.92×10^{-6}	0.986 9
RB1.5X	6.72×10^{-11}	1.00	1.64×10^{-6}	0.997 2
RB2.0X	1.33×10^{-9}	1.44	1.13×10^{-6}	0.999 4

4.3.3 长期强度特征

国内外众多学者基于蠕变试验数据采用直接法和间接法确定材料的长期强度,目前使用最多的方法主要包括等时应力-应变曲线法和稳态蠕变速率法。利用等时应力-应变曲线法求解材料的长期强度时,需要根据等时应力-应变曲线特征确定拐点的应力范围，该应力范围即为长期强度范围，该方法一般很难获得准确的长期强度值；稳态蠕变速率法认为存在一个临界应力水平，当材料所受应力小于临界应力时，蠕变速率为零，当材料所受应力超过临界应力时，蠕变速率大于零，该临界应力即为材料的长期强度，但通过试验发现，即使施加的应力水平较小，材料的蠕变速率也不为零。综上所述，需要寻求合适的方法确定材料的长期强度值。

本节首先采用等时应力-应变曲线法确定 CFRP-钢加固界面的长期强度范围，然后利用稳态蠕变速率法确定长期强度的具体数值，具体做法如下：首先，将稳态蠕变速率-剪应力曲线拐点前后的数据分别进行线性拟合；其次，寻找两直线交点的横坐标值；最后，验证该值是否介于等时应力-应变曲线法确定的长期强度范围内，若是，则该值为 CFRP-钢加固界面的长期强度。

图 4-9 给出了不同胶层厚度 t_a 下 CFRP-钢加固界面等时剪应力-剪应变曲线，选取的时间节点 t 分别为 0.1 h、0.2 h、0.3 h、0.4 h、0.5 h、0.6 h、0.7 h、0.8 h、0.9 h，共计 9 个时间节点。

由图 4-9 可知，随剪应力水平增加，剪应变非线性增大，曲线整体偏向剪应变轴，但由于试验时间较短，试验数据量有限，无法准确获得等时剪应力-剪应变曲线的拐点，但根据曲线特征，可以获得曲线拐点的应力范围。胶层厚度 t_a = 0.5 mm、1 mm、1.5 mm 和 2.0 mm 条件下，对应拐点的剪应力范围分别为 11.61～13.52 MPa、10.82～13.49 MPa、7.52～8.79 MPa、6.38～8.36 MPa，取上

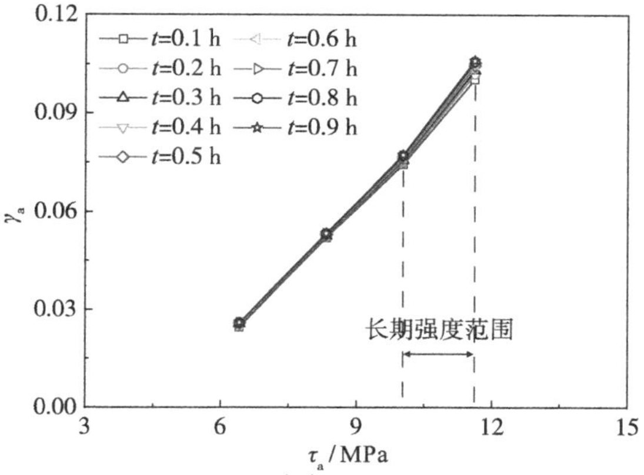

(a) t_a=0.5 mm

图 4-9　不同胶层厚度 t_a 下 CFRP-钢加固界面等时剪应力-剪应变曲线

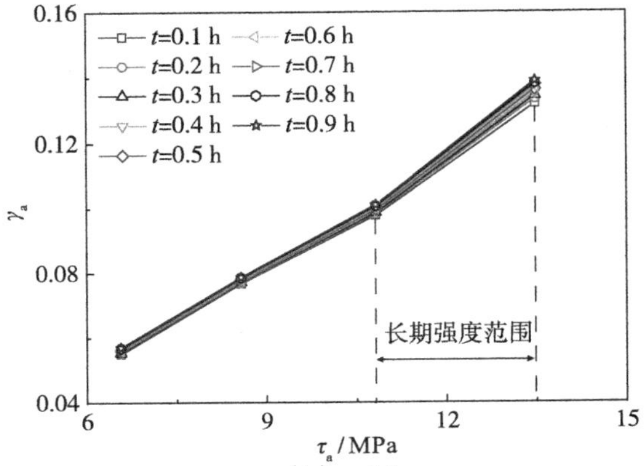

（b）t_a=1.0 mm

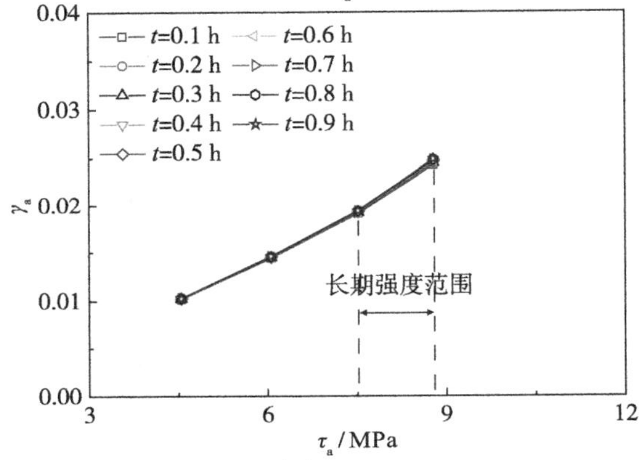

（c）t_a=1.5 mm

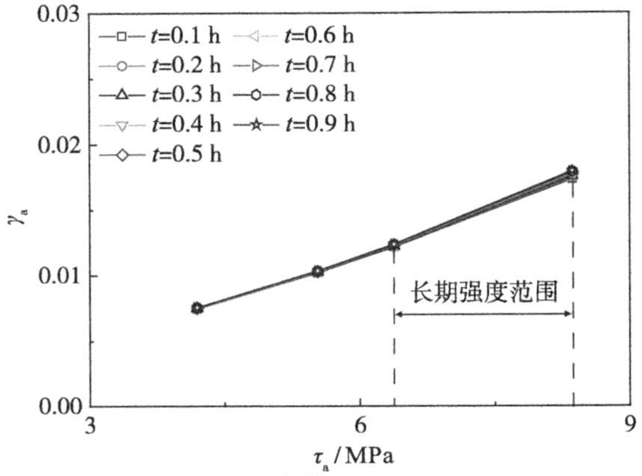

（d）t_a=2.0 mm

图 4-9 （续）

述应力范围的平均值作为长期强度，则不同胶层厚度 t_a 下 CFRP -钢加固界面的长期强度分别为 12.57 MPa、12.16 MPa、8.16 MPa、7.37 MPa。随胶层厚度 t_a 的增加，CFRP -钢加固界面的长期强度整体呈现非线性减小的变化特征，胶层厚度 t_a 由 0.5 mm 增至 1.0 mm，长期强度降幅仅为 3.26%，胶层厚度 t_a 由 1.0 mm 增至 1.5 mm，长期强度降幅达到 32.89%。

利用稳态蠕变速率法确定的不同胶层厚度 t_a 下 CFRP -钢加固界面的长期

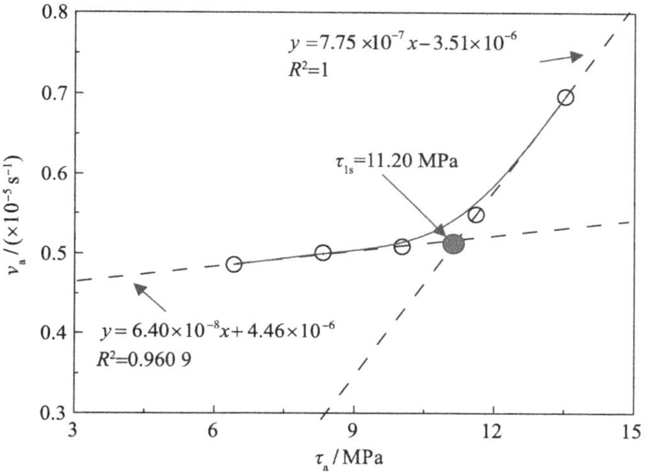

（a） t_a=0.5 mm

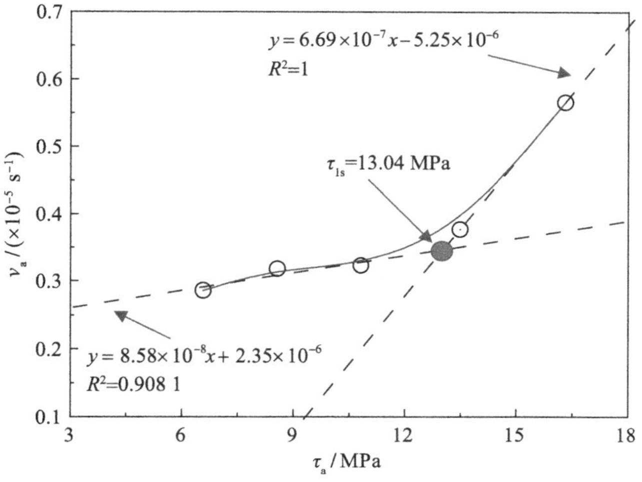

（b） t_a=1.0 mm

图 4-10 不同胶层厚度 t_a 下 CFRP -钢加固界面蠕变速率与剪应力水平关系曲线

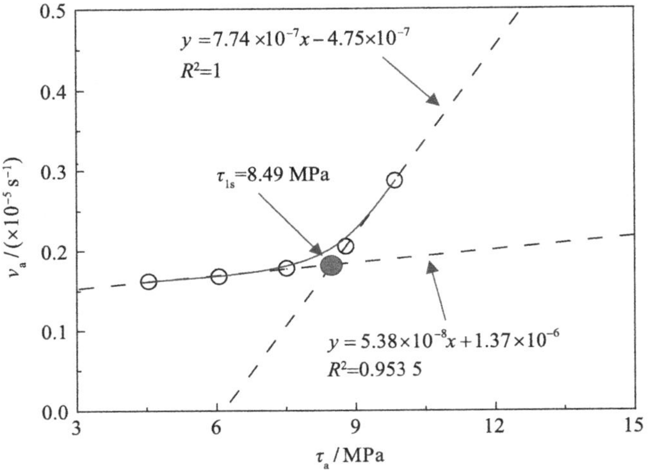

（c） t_a=1.5 mm

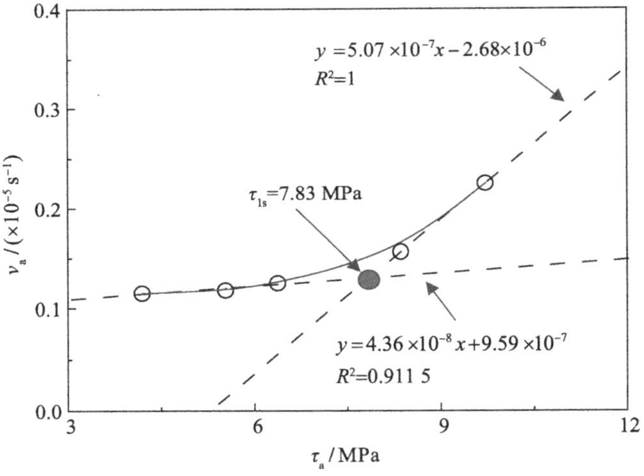

（d） t_a=2.0 mm

图 4-10 （续）

强度如图 4-10(a)～图 4-10(d)所示。其中实线是所有稳态蠕变速率数据点的趋势线,两条虚线是拐点前后稳态蠕变速率点的拟合线,两条虚线交点对应的横坐标值即为 CFRP-钢加固界面长期强度。此外,图 4-10(e)给出了长期强度随胶层厚度 t_a 变化曲线。

由图 4-10 可知,胶层厚度 t_a=0.5 mm、1.0 mm、1.5 mm 和 2.0 m 条件下,对应的长期强度值分别为 11.20 MPa、13.04 MPa、8.49 MPa 和 7.83 MPa,

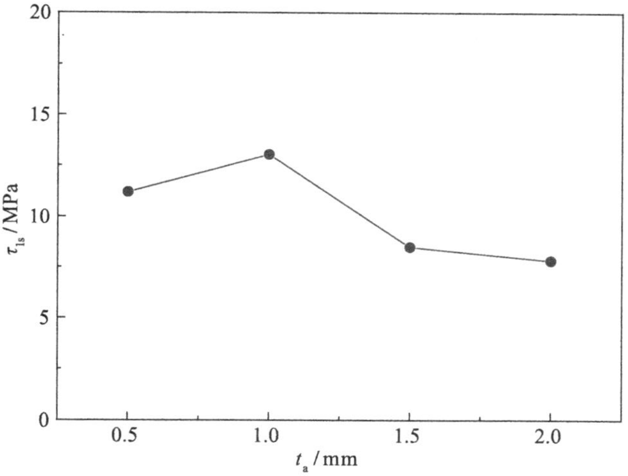

（e）长期强度与胶层厚度t_a关系曲线

图 4-10 （续）

整体呈现先增大后减小的变化趋势，胶层厚度 t_a 由 0.5 mm 增至 1.0 mm，长期强度的增幅为 16.43%，胶层厚度 t_a 由 1.0 mm 增至 2.0 mm，长期强度的降幅为 39.95%。

对比上述两种方法确定的长期强度值可以发现，利用稳态蠕变速率法确定的长期强度值介于等时剪应力-剪应变曲线法确定的长期强度范围内，这表明利用上述方法确定的 CFRP-钢加固界面的长期强度是合理可靠的。

4.4 粗糙度对 CFRP-钢加固界面剪切蠕变特性的影响

4.4.1 剪切蠕变变形特征

根据试验方案获得了不同粗糙度 R_s 下 CFRP-钢加固界面剪应变 γ_a 时程曲线和蠕变时程曲线如图 4-11 和图 4-12 所示。本章在分析 CFRP-钢加固界面剪切蠕变特性时，选取距离加载端最近点(l_s=8.5 mm)的蠕变数据进行分析，其他位置蠕变数据分析过程与此类似。

由图 4-11 和图 4-12 可以看出，同一荷载水平下，不同位置处 CFRP-钢加固界面剪应变不同，距离加载端距离越近，剪应力水平越大，蠕变剪应变越

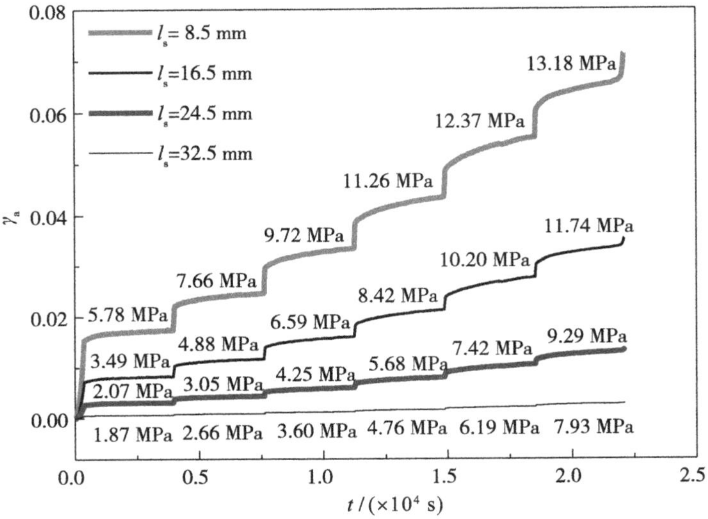

（a）R_s=0.341

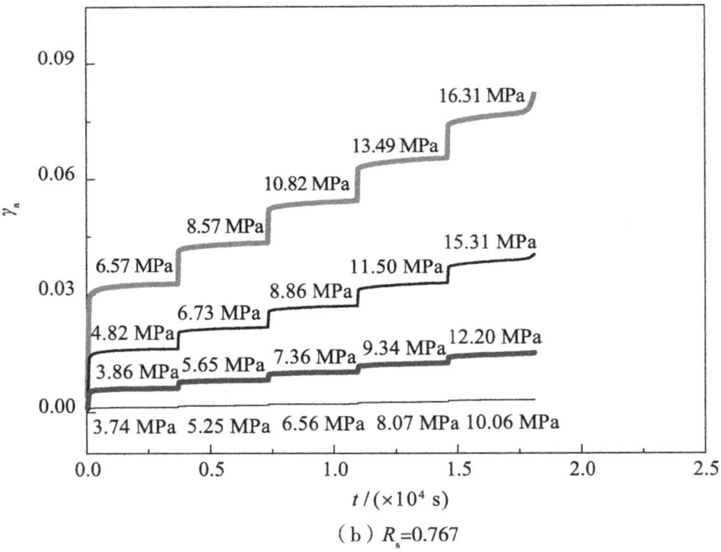

（b）R_s=0.767

图 4-11　不同粗糙度 R_s 下 CFRP-钢加固界面剪应变时程曲线

大;低应力水平下,CFRP-钢加固界面经历短暂的减速蠕变后,其变形趋于稳定,如图 4-12 中第一级蠕变时程曲线;中等应力水平下,CFRP-钢加固界面经历短暂的减速蠕变后,其变形以固定斜率稳步增长,如图 4-12 中第四级蠕变时程曲线;高应力水平下,CFRP-钢加固界面呈现完整的蠕变三阶段,即包含减

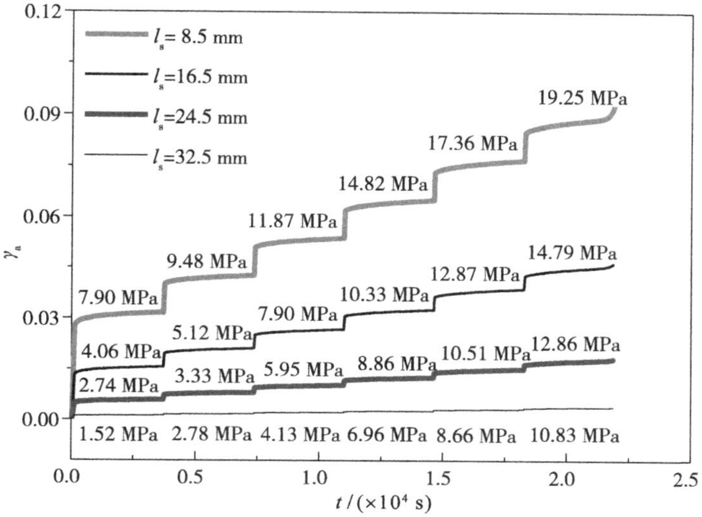

(c) R_s=1.665

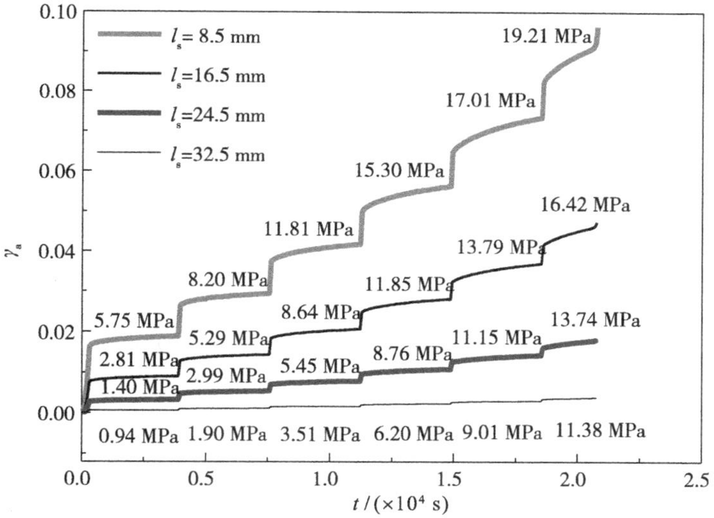

(d) R_s=2.346

图 4-11 (续)

速蠕变、等速蠕变和加速蠕变，如图 4-12 中最后一级蠕变时程曲线所示。

为了研究粗糙度 R_s 对 CFRP-钢加固界面剪切蠕变变形量的影响，对蠕变数据进行处理，获得了不同应力水平下瞬时应变和蠕变应变随粗糙度 R_s 变化曲线图，如图 4-13 所示。

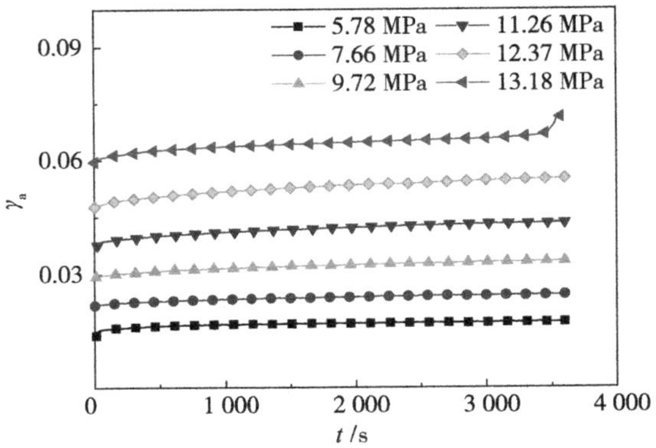

(a) R_s=0.341

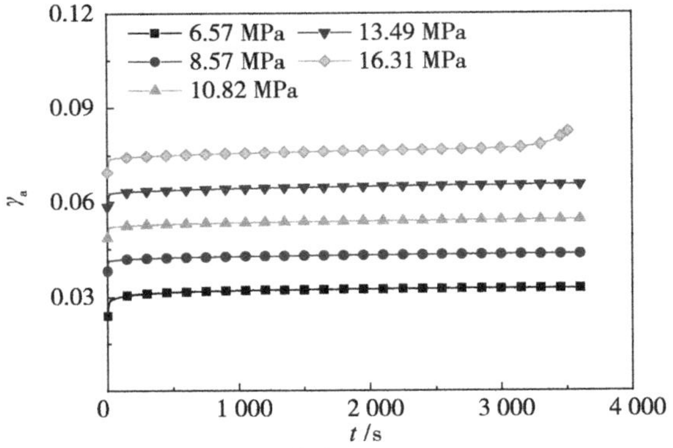

(b) R_s=0.767

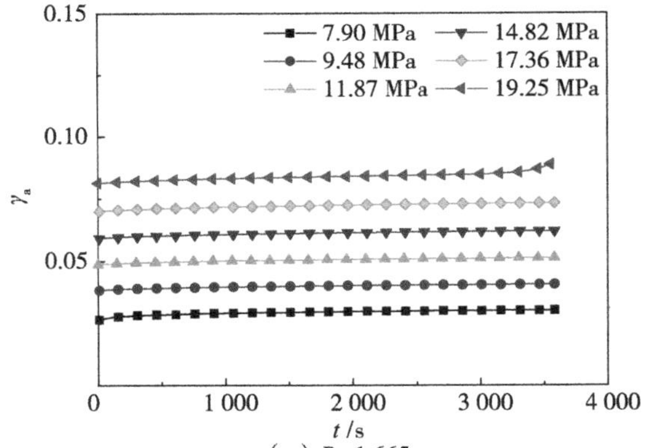

(c) R_s=1.665

图 4-12 不同粗糙度 R_s 下 CFRP-钢加固界面蠕变时程曲线

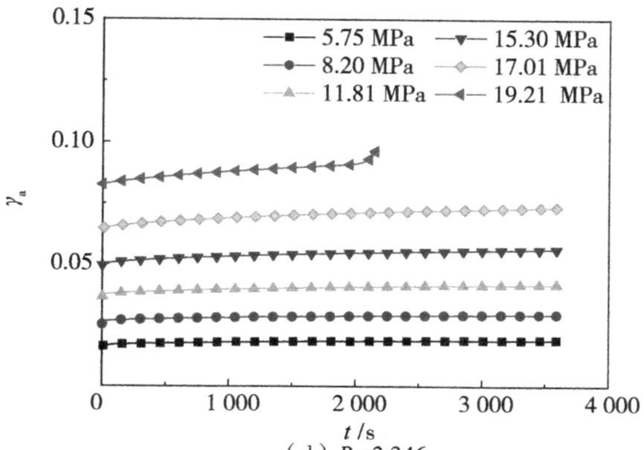

（d）R_s=2.346

图 4-12 （续）

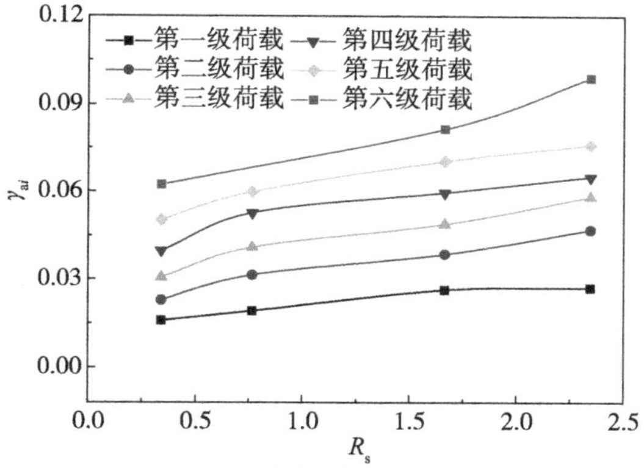

（a）瞬时应变

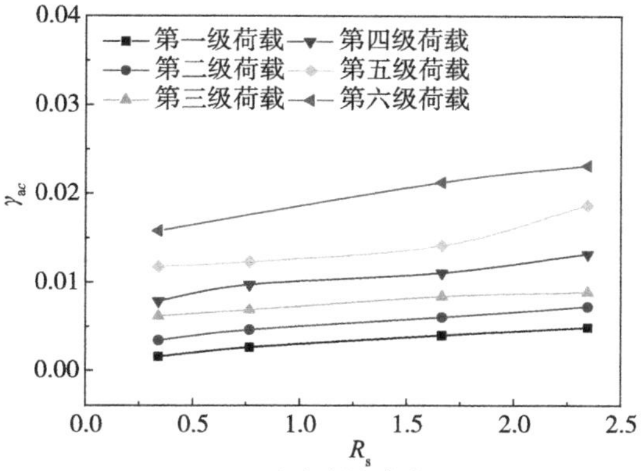

（b）蠕变应变

图 4-13 瞬时应变和蠕变应变随粗糙度 R_s 变化曲线

由图 4-13 可以看出，随粗糙度 R_s 的增加，瞬时应变和蠕变应变均呈现近似线性增大的变化特征。例如，对于第五级荷载，粗糙度 R_s 由 0.341 增至 2.346，瞬时应变由 0.050 24 增至 0.076 08，增幅为 51.43%，蠕变应变由 0.011 80 增至 0.018 66，增幅为 58.14%。

4.4.2 剪切蠕变速率特征

通过计算不同粗糙度 R_s 下 CFRP-钢加固界面蠕变时程曲线的斜率，获得 CFRP-钢加固界面剪切蠕变速率随时间的变化规律，如图 4-14 所示。提取图 4-14 中稳态剪切蠕变速率值，见表 4-4，绘制不同循环荷载水平 S_{max} 下 CFRP-钢加固界面稳态剪切蠕变速率随应力水平变化曲线图，如图 4-15 所示。

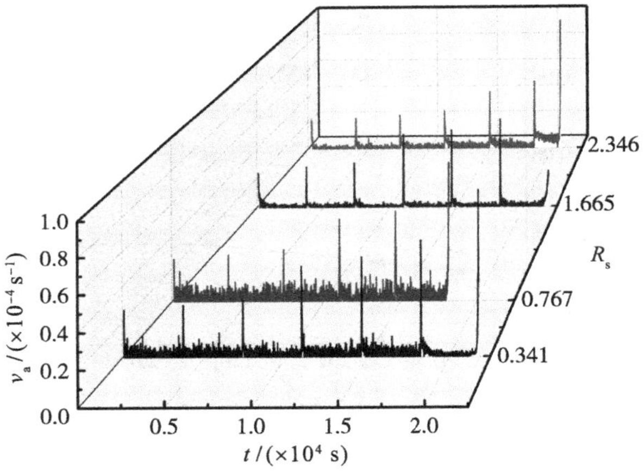

图 4-14 不同粗糙度 R_s 下剪切蠕变速率时程曲线

表 4-4 蠕变速率 v_a 与粗糙度 R_s 变化关系

钢板粗糙度 R_s	蠕变速率 $v_a/(\times10^{-6}\ s^{-1})$					
	1	2	3	4	5	6
0.341	4.55	4.62	4.65	4.75	4.89	5.35
0.767	2.86	3.18	3.23	3.77	5.66	—
1.665	2.62	2.71	2.85	3.25	4.12	6.23
2.346	1.96	2.08	2.34	2.75	3.29	5.32

由图 4-14 和图 4-15 可以看出，不同粗糙度 R_s 下 CFRP-钢加固界面剪

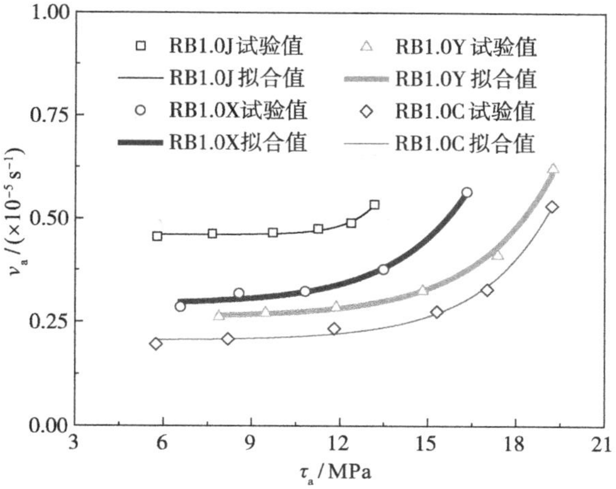

图 4-15 不同粗糙度 R_s 下稳态蠕变速率随剪应力水平变化曲线

切蠕变速率变化规律基本一致，但也存在不同之处，具体如下：

① 低应力水平下，CFRP-钢加固界面剪切蠕变速率呈现先减小后趋于稳定的变化特征。例如，当粗糙度 R_s 为 0.767，应力水平为 6.57 MPa 时，初始剪切蠕变速率为 $26.16\times10^{-6}\ s^{-1}$，剪切蠕变时间持续 3 600 s，其稳态剪切蠕变速率为 $2.86\times10^{-6}\ s^{-1}$。高应力水平下（最后一级应力水平），CFRP-钢加固界面剪切蠕变速率呈现先减小、然后趋于稳定、最后增大的变化特征。例如，当粗糙度 R_s 为 0.767，应力水平为 16.31 MPa 时，初始剪切蠕变速率为 $55.63\times10^{-6}\ s^{-1}$，稳态剪切蠕变速率降至 $5.66\times10^{-6}\ s^{-1}$，蠕变破坏时其剪切蠕变速率增至 $84.46\times10^{-6}\ s^{-1}$。

② 随应力水平的增加，CFRP-钢加固界面稳态剪切蠕变速率均呈现非线性指数型增大的变化特征，其拟合公式为 $y=a\cdot\exp(x/b)+c$，拟合参数见表 4-5，这表明存在一个临界应力水平，当剪应力超过临界应力，CFRP-钢加固界面稳态剪切蠕变速率呈现快速增大的变化规律。例如，当粗糙度 R_s 为 0.767，应力水平由 6.57 MPa 增至 10.82 MPa，稳态剪切蠕变速率由 $2.86\times10^{-6}\ s^{-1}$ 增至 $3.23\times10^{-6}\ s^{-1}$，应力水平每增加 1 MPa，稳态剪切蠕变速率仅增加 $8.71\times10^{-6}\ s^{-1}$；当应力水平由 10.82 MPa 增至 16.31 MPa，稳态剪切蠕变速率由 $3.23\times10^{-6}\ s^{-1}$ 增至 $5.66\times10^{-6}\ s^{-1}$，应力水平每增加 1 MPa，稳态剪切蠕变速率则增加 $44.26\times10^{-6}\ s^{-1}$。

③ 固定应力水平下，随粗糙度 R_s 的增加，其稳态剪切蠕变速率呈非线性

降低的变化趋势，例如，当应力水平为 10.5 MPa 时，粗糙度 R_s 由 0.341 增至 1.665，稳态剪切蠕变速率由 4.66×10^{-6} s^{-1} 减至 3.20×10^{-6} s^{-1}，降幅仅为 31.33%；粗糙度 R_s 由 1.665 增至 2.346，稳态剪切蠕变速率由 2.73×10^{-6} s^{-1} 减至 2.14×10^{-6} s^{-1}，降幅为 21.61%。

表 4-5　不同粗糙度 R_s 下蠕变速率拟合参数表

试件编号	蠕变速率拟合公式参数			R^2
	a/s^{-1}	b/MPa	c/s^{-1}	
RB1.0J	1.37×10^{-12}	1.00	4.60×10^{-6}	0.973 3
RB1.0X	3.94×10^{-9}	2.49	2.92×10^{-6}	0.986 9
RB1.0Y	1.41×10^{-10}	1.65	2.60×10^{-6}	0.999 1
RB1.0C	1.27×10^{-9}	2.45	2.05×10^{-6}	0.992 1

4.4.3　长期强度特征

图 4-16 给出了不同粗糙度 R_s 下等时剪应力-剪应变曲线，选取的时间节点 t 分别为 0.1 h、0.2 h、0.3 h、0.4 h、0.5 h、0.6 h、0.7 h、0.8 h、0.9 h，共计 9 个时间节点。

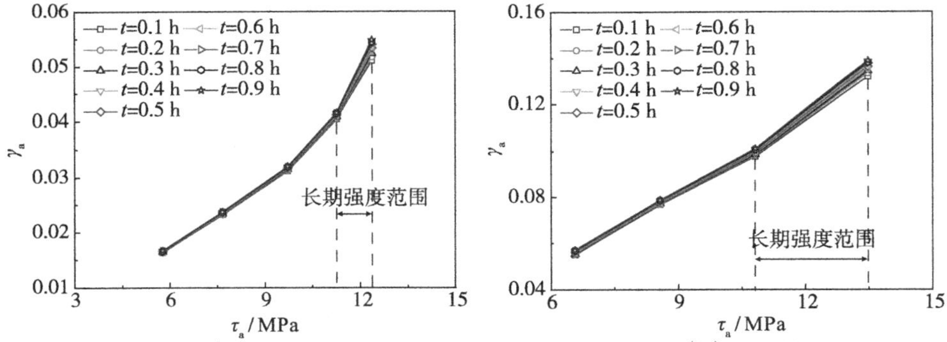

（a）R_s=0.341　　（b）R_s=0.767

图 4-16　不同粗糙度 R_s 下 CFRP-钢加固界面等时剪应力-剪应变曲线

由图 4-16 可知，随着剪应力水平增加，剪应变非线性增大，由于试验时间较短，试验数据量有限，无法准确获得等时剪应力-剪应变曲线的拐点，但根据曲线特征，可以获得曲线拐点的应力范围。粗糙度 R_s 分别为 0.341、0.767、1.665 和 2.346 条件下，对应拐点的剪应力范围分别是 11.26～12.37 MPa、

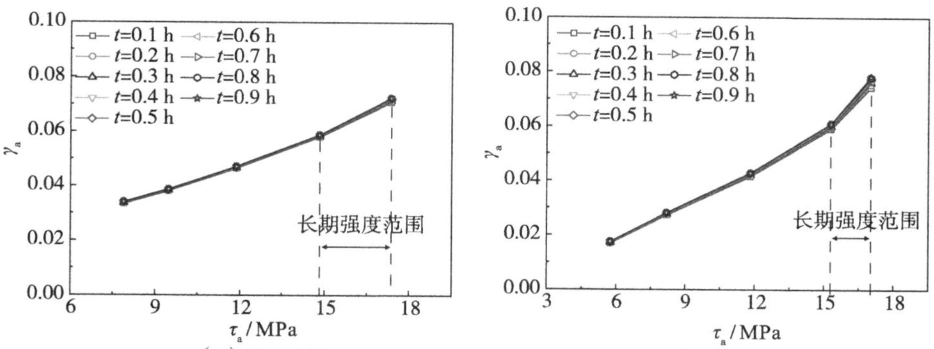

（c）R_s=1.665　　（d）R_s=2.346

图 4-16 （续）

10.82～13.49 MPa、12.61～14.29 MPa、15.30～17.01 MPa，取上述应力范围的平均值作为长期强度，则不同粗糙度 R_s 下 CFRP-钢加固界面的长期强度分别为 11.82 MPa、12.16 MPa、13.46 MPa 和 16.16 MPa。随粗糙度 R_s 的增加，CFRP-钢加固界面的长期强度整体呈现非线性增大的变化特征，粗糙度 R_s 由 0.341 增至 1.665，长期强度的增幅为 2.88%；粗糙度 R_s 由 1.665 增至 2.346，长期强度的增幅为 20.06%。

利用稳态蠕变速率法确定的不同粗糙度 R_s 下 CFRP-钢加固界面的长期强度如图 4-17(a)～图 4-17(d)所示。图 4-17(e)给出了长期强度随粗糙度 R_s 的变化曲线。

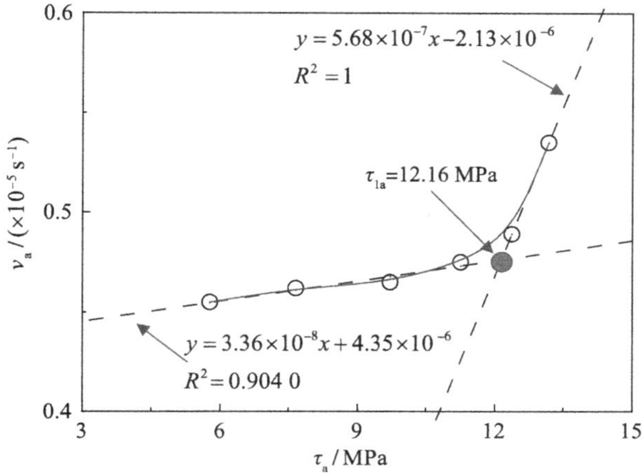

（a）R_s=0.341

图 4-17　不同粗糙度 R_s 下 CFRP-钢加固界面蠕变速率与剪应力水平关系曲线

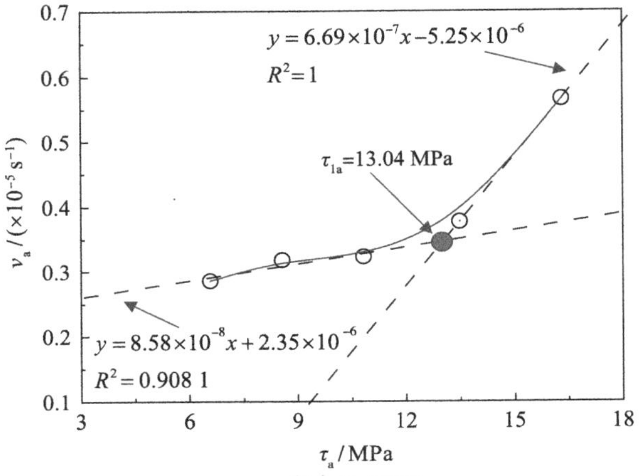

（b）R_s=0.767

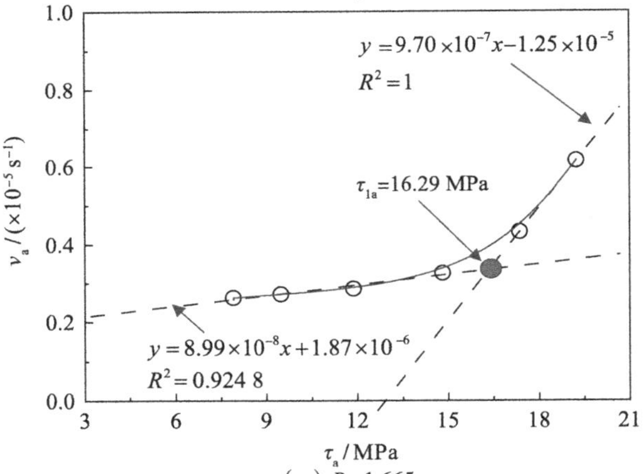

（c）R_s=1.665

图 4-17 （续）

由图 4-17 可知，粗糙度 R_s 分别为 0.341、0.767、1.665 和 2.346 条件下，对应的长期强度值分别为 12.16 MPa、13.04 MPa、16.29 MPa 和 16.48 MPa，整体呈现近似线性增大的变化趋势，粗糙度 R_s 由 0.341 增至 2.346，长期强度的增幅为 35.53%。

对比上述两种方法确定的长期强度值可以发现，利用稳态蠕变速率法确定的长期强度值介于等时剪应力-剪应变曲线法确定的长期强度范围内，这表明利用上述方法确定的 CFRP-钢加固界面的长期强度是合理可靠的。

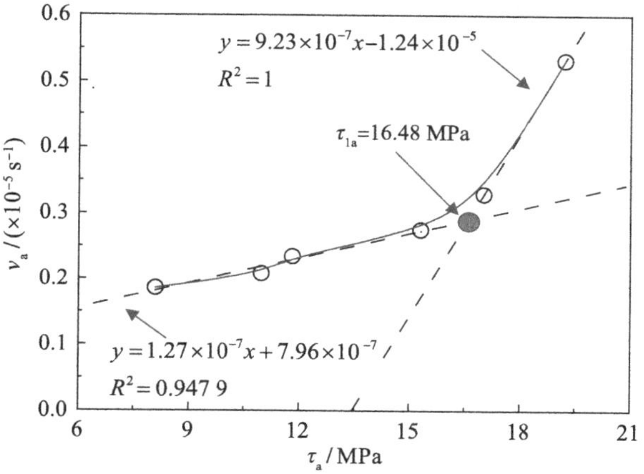

（d）R_s=2.346

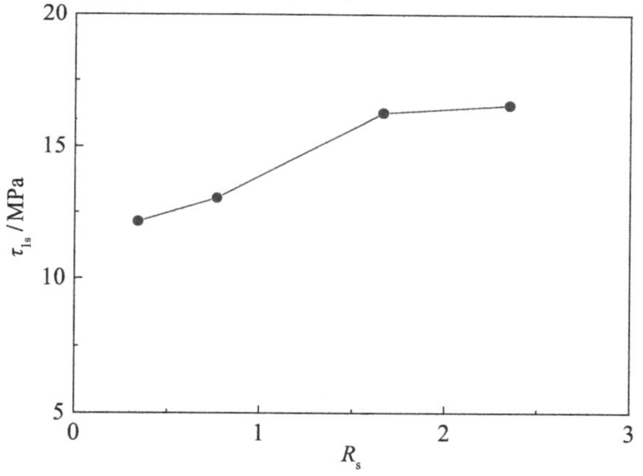

（e）长期强度与粗糙度R_s关系曲线

图 4-17 （续）

4.5 本章小结

本章采用分级加载蠕变试验方法，研究得到了 CFRP-钢加固界面不同位置处剪切蠕变基本特征，在此基础上，进一步分析了胶层厚度 t_a 和粗糙度 R_s 对 CFRP-钢加固界面剪切蠕变变形特征、剪切蠕变速率特征以及长期强度特征的影响规律。主要结论如下：

① 任意胶层厚度 t_a 和粗糙度 R_s 下，CFRP-钢加固界面均表现出明显的

流变行为。低应力水平下，CFRP-钢加固界面经历短暂的减速蠕变后其变形趋于稳定，进一步提高应力水平，CFRP-钢加固界面只表现出减速蠕变和等速蠕变，最后一级应力水平下，其变形表现明显的蠕变三阶段，即包括减速、等速和加速蠕变阶段。

② 相同荷载水平下，相邻两应变片中心距离加载端头越远，减速蠕变的初始速率和稳态蠕变速率越小。例如，当荷载水平为4.67 kN，相邻两应变片中心与加载端头距离l_s由8.5 mm增至32.5 mm，减速蠕变的初始速率和稳态蠕变速率分别由$21.95\times10^{-6}\ s^{-1}$和$1.86\times10^{-6}\ s^{-1}$降至$1.33\times10^{-6}\ s^{-1}$和$0.17\times10^{-6}\ s^{-1}$；同一位置处，随剪应力水平增加，减速蠕变的初始速率和稳态蠕变速率随剪应力水平的增加而增大。以$l_s=8.5$ mm为例，当剪应力水平从5.75 MPa增大到19.21 MPa，减速蠕变的初始速率和稳态蠕变速率的增幅分别为134.58%和171.43%。

③ 随胶层厚度t_a的增加，瞬时应变和蠕变应变均呈现非线性减小的变化特征。例如，对于第五级荷载，胶层厚度t_a由0.5 mm增至1.5 mm，瞬时应变由0.127 78降至0.029 72，降幅为76.74%，蠕变应变由0.039 36降至0.007 74，降幅为80.34%；胶层厚度t_a由1.5 mm增至2.0 mm，瞬时应变由0.029 72降至0.021 42，降幅为27.93%，蠕变应变由0.007 74降至0.006 54，降幅为15.50%。随粗糙度R_s的增加，瞬时应变和蠕变应变均呈现近似线性增大的变化特征。例如，对于第五级荷载，粗糙度R_s由0.341增至2.346，瞬时应变由0.050 24增至0.076 08，增幅为51.43%，蠕变应变由0.011 80增至0.018 66，增幅为58.14%。

④ 固定应力水平下，随胶层厚度t_a的增加，其稳态剪切蠕变速率呈非线性减小的变化趋势，例如，当应力水平为9 MPa时，胶层厚度t_a由0.5 mm增至1.0 mm，稳态剪切蠕变速率由$4.98\times10^{-6}\ s^{-1}$降至$3.04\times10^{-6}\ s^{-1}$，降幅为38.96%；胶层厚度$t_a$由1.5 mm增至2.0 mm，稳态剪切蠕变速率由$2.13\times10^{-6}\ s^{-1}$降至$1.79\times10^{-6}\ s^{-1}$，降幅仅为15.96%。固定应力水平下，随粗糙度$R_s$的增加，其稳态剪切蠕变速率呈非线性减小的变化趋势，例如，当应力水平为10 MPa时，粗糙度R_s由0.341增至1.665，稳态剪切蠕变速率由$4.66\times10^{-6}\ s^{-1}$减至$3.20\times10^{-6}\ s^{-1}$，降幅仅为31.33%；粗糙度$R_s$由1.665增至2.346，稳态剪切蠕变速率由$2.73\times10^{-6}\ s^{-1}$减至$2.14\times10^{-6}\ s^{-1}$，降幅为21.61%。

⑤ 随胶层厚度t_a的增加，CFRP-钢加固界面的长期强度呈现先增大后减

小的变化趋势，胶层厚度 t_a 由 0.5 mm 增至 1.0 mm，长期强度的增幅为 16.43%，胶层厚度 t_a 由 1.0 mm 增至 2.0 mm，长期强度的降幅为 39.95%；随粗糙度 R_s 的增加，CFRP -钢加固界面的长期强度呈现近似线性增大的变化趋势，粗糙度 R_s 由 0.341 增至 2.346，长期强度的增幅为 35.53%。利用稳态蠕变速率法确定的长期强度值介于等时剪应力-剪应变曲线法确定的长期强度范围内，这表明利用上述方法确定的 CFRP -钢加固界面的长期强度是合理可靠的。

5 CFRP-钢加固界面剪切蠕变模型研究

CFRP-钢加固界面剪切蠕变模型是CFRP-钢加固界面蠕变理论研究的重要组成部分，是构建稳定剪切应力作用下CFRP加固钢结构剪切应变与时间关系的理论桥梁。实际工程中，构建相应的剪切蠕变模型，能够准确分析CFRP加固钢结构长时变形特性，为工程上CFRP加固钢结构设计提供理论指导。经过多年发展，蠕变模型的研究已经形成较为完整的体系，涉及各种材料，模型建立方法与理论研究较为成熟。相比而言，CFRP-钢加固界面属于剪切蠕变范畴，目前关于剪切蠕变本构模型的研究较少，因此有必要展开相关研究，利用正应力蠕变相关研究方法迁移到剪切蠕变理论研究中。本章借鉴传统本构模型建立方法，利用第4章CFRP-钢加固界面剪切蠕变试验数据，建立CFRP-钢加固界面蠕变模型，利用非线性回归方法确定模型参数，并对本构模型进行验证。

5.1 蠕变模型基本类型

材料的蠕变模型主要包括线性模型和非线性模型，其中线性模型主要包括元件模型、经验模型和积分型模型；非线性模型主要包括改进线性的黏壶元件模型以及线性模型与损伤理论耦合，具体如下：

(1) 元件模型

常见的蠕变模型的基本元件主要包括弹性、塑性和黏性元件，按照不同的串并联方式可以构建满足试验结果的蠕变模型，以此反映特定材料的蠕变特点。表5-1给出了三类基本元件及其组合元件的本构方程、本构关系及蠕变特点。

(2) 经验模型

利用蠕变试验数据直接进行拟合获得数学公式是构建经验模型的方法，所获取的经验公式能够反映时效变形特性，但必须针对特殊的工程背景，不具有普适性。常见的经验模型主要有幂函数、对数函数、指数函数、双曲线函数和混合函数等，见表 5－2。

(3) 积分型模型

材料的蠕变变形具有长期记忆效应，利用积分形式的本构关系获得材料的蠕变模型，能够更加真实地反映材料受载后的力学特性。积分型模型在应用过程中较为灵活，具有广泛的适用性。但是，确定积分型蠕变模型中的蠕变核是准确使用该模型的关键，常用的蠕变核主要包括指数函数和幂函数，如式(5－1)和式(5－2)所示。

$$K(t-t_i)=\omega e^{-m(t-t_i)} \tag{5-1}$$

$$K(t-t_i)=\zeta(t-t_i)^{-n} \tag{5-2}$$

式中，$K(t-t_i)$为材料的蠕变核；ω、m、ζ 和 n 为材料常数。

(4) 改进线性的黏壶元件模型

将线性的黏壶元件加以改进，使其与材料的蠕变应力水平或者时间相关，进而实现其非线性特征。将改进的黏壶元件模型与基本元件进行串并联组合，可以用于描述材料的非线性蠕变特征。

(5) 线性模型与损伤理论耦合

材料受载破坏的过程实际上是其内部损伤不断累计的过程，通过构建材料的损伤演化方程，并将其引入到线性蠕变模型中，使蠕变参量实现非线性劣化，从而可以建立材料的非线性蠕变损伤模型。

国内外学者通过大量的室内试验发现，材料在受载过程中，其变形呈现非线性特征[145, 157]。传统的基本元件的组合只能反映材料的减速蠕变和等速蠕变特征，无法表征材料在高应力水平下表现出的非线性加速蠕变特征，因此，必须采取相应的手段构建能够反映材料减速、等速和加速蠕变全过程的蠕变模型。本章采用改进的黏壶元件模型和其他基本元件进行组合建立适用于 CFRP-钢加固界面剪切特性的蠕变模型。

表 5-1 几种常用的蠕变模型基本元件与组合元件[157]

	模型	组合元件	本构方程	本构关系	特点
基本元件	Hook 体		$\sigma=E_0\varepsilon$	—	瞬时弹性
	Newton 体	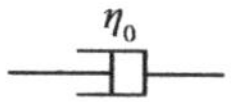	$\sigma=\eta_0\dot{\varepsilon}$	—	黏性流动
	St. Venant 体	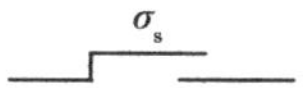	$\begin{cases}\varepsilon=0 & \sigma<\sigma_s\\ \dot{\varepsilon}=\text{const} & \sigma\geqslant\sigma_s\end{cases}$	—	定常蠕变
组合元件	Maxwell 模型	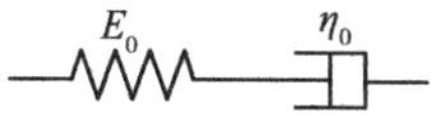	$\dot{\varepsilon}=\dfrac{\dot{\sigma}}{E_0}+\dfrac{\sigma}{\eta_0}$	$\varepsilon(t)=\dfrac{\sigma}{E_0}+\dfrac{\sigma}{\eta_0}t$	含瞬时弹性、蠕变流动阶段，但不稳定
	Kelvin-Voigt 模型	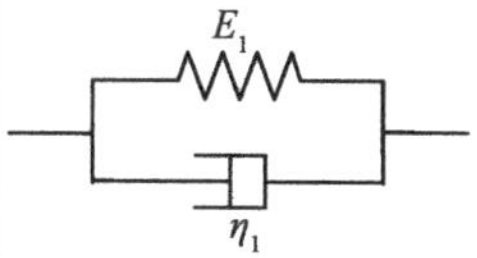	$\sigma=E_1\varepsilon+\eta_1\dot{\varepsilon}$	$\varepsilon(t)=\dfrac{\sigma}{E_1}(1-e^{\frac{E_1}{\eta_1}t})$	无弹性、有蠕变且稳定、无松弛
	Bingham 模型	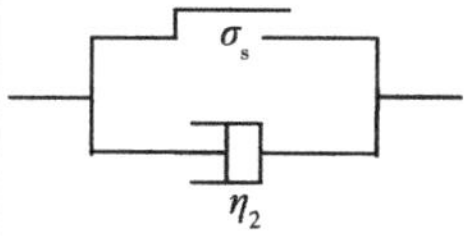	$\begin{cases}\varepsilon=0 & (\sigma<\sigma_s)\\ \sigma=\sigma_s+\eta_2\dot{\varepsilon} & (\sigma\geqslant\sigma_s)\end{cases}$	$\begin{cases}\varepsilon=0 & (\sigma<\sigma_s)\\ \sigma=\dfrac{\sigma_a-\sigma_s}{\eta_2}t & (\sigma\geqslant\sigma_s)\end{cases}$	当 $\sigma\geqslant\sigma_s$ 时线性蠕变

表 5-2 几种常用的流变经验模型[158]

函数类型	公式	作者
幂律函数	$\varepsilon(t)=a+bt^n$	Swift
	$\varepsilon(t)=at^m+bt^n+ct^l+\cdots$	Graharn
对数函数	$\varepsilon(t)=a+b\ln t$	Phillips
	$\varepsilon(t)=\varepsilon_0+a\ln t$	Robertson
	$\varepsilon(t)=a[\ln(1+bt)]^{2/3}$	Mott,Nabarro
指数函数	$\varepsilon(t)=a[1-\exp(1-ct^n)]$	Evans
	$\varepsilon(t)=b[1-\exp(1-ct)]$	Hardy
	$\varepsilon(t)=a[1-\exp(1-bt)]+c[1-\exp(1-dt)]$	Mchenry
双曲线函数	$\varepsilon(t)=at/(1+bt)$	Freudenthal
混合函数	$\varepsilon(t)=a\lg t+bt^n+c$	Wyatt
	$\varepsilon(t)=a(1+bt^{1/3})\exp kt$	Andrade

5.2 蠕变模型构建

根据第 4 章分级加载条件下 CFRP-钢加固界面蠕变时程曲线，绘制了不同剪切应力水平下 CFRP-钢加固界面蠕变曲线示意图，如图 5-1 所示。

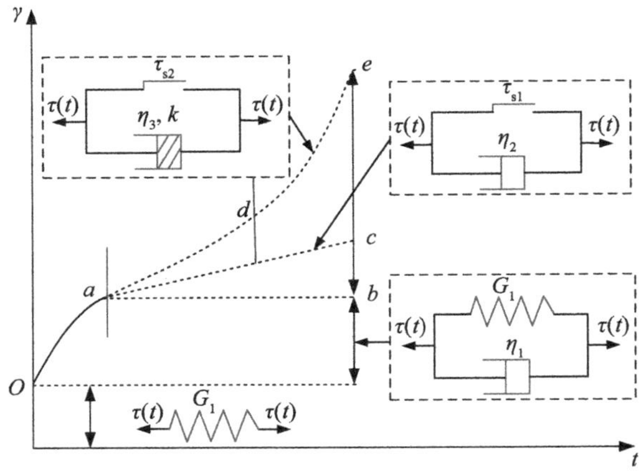

图 5-1 CFRP-钢加固界面蠕变特性曲线的三类形式

结合第 4 章蠕变试验结果以及图 5-1 可知：

① 对于所有CFRP-钢加固界面试样，当其受到荷载时，会产生瞬时弹性变形，可知蠕变模型中应该包含弹性元件，通过现有力学元件中表达瞬时变形的Hook元件来描述。

② 在低应力水平下，随时间增加，CFRP-钢加固界面发生减速蠕变，减速蠕变阶段曲线上凸，剪切应变速率逐渐减小，稳定蠕变阶段曲线为水平直线，随时间变化很小，可知蠕变模型中应该包含黏弹性元件，通过现有力学元件中表达减速变形的Kelven-Voigt模型来描述，即采用一个弹簧与一个黏壶并联而成的元件。

③ 中等应力水平下，随着时间增加，CFRP-钢加固界面发生等速蠕变，与减速阶段一样经历曲线上凸的减速变形后，剪应变线性增加，这一线性增加部分是一个变形开启过程，必须包含黏塑性元件。Bingham模型可以很好描述。黏塑性元件是通过一个摩擦片与一个黏壶并联而成，剪应力水平较低时，摩擦片等同于开关关闭，控制该部分不产生作用；当摩擦片分离时，黏塑性模型变为一个单一黏壶，用来表现CFRP-钢加固界面的黏性特征。

④ 高应力水平下，CFRP-钢加固界面蠕变曲线呈现完整的蠕变三阶段特征，即减速+等速+加速蠕变阶段。因此有必要引入一个非线性加速流变元件来表征其加速蠕变部分。在恒定剪应力作用下，CFRP-钢加固界面胶层中的微裂纹随着时间的增长逐步扩展并贯通，假定其非线性剪切流变变形为时间的Weibull分布函数，可采用杨圣奇[145]提出的NRC模型元件来描述加速流变过程。

综上所述，本书采用包含NRC元件的非线性黏弹塑性蠕变模型来表征CFRP-钢加固界面的蠕变特性，将四部分元件串联得到如图5-2所示的MSSB-NRC蠕变模型[145]。

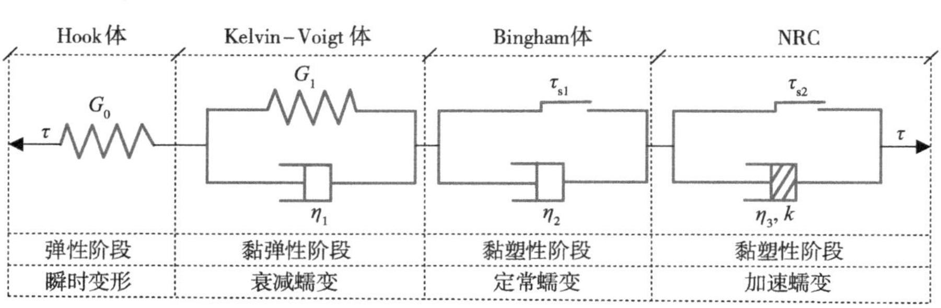

图5-2　CFRP-钢加固界面的MSSB-NRC流变模型

图中各参数含义如下：G_0、G_1 为剪切模量；η_1、η_2、η_3 为黏滞系数；τ_{s1} 为长

期强度；τ_{s2} 为对应模型的极限强度。

图 5-2 中第 4 部分为 NRC 模型，利用该模型来模拟加速流变曲线，其蠕变方程如式(5-3)和式(5-4)所示[145]：

$$\gamma(t)=\frac{\tau_0}{\eta_3}\{1-\mathrm{e}^{-\left[\frac{H(t-t_1)}{t_c-t_1}\right]^k}\} \tag{5-3}$$

$$H(t-t_2)=\begin{cases}0 & t\leqslant t_1\\ t-t_2 & t>t_1\end{cases} \tag{5-4}$$

式中，t_1 为从稳态剪切蠕变向加速剪切蠕变过渡的起始时刻；t_c 为剪切流变破坏时间。

式(5-4)表明，针对最后一级蠕变时程曲线，当 CFRP-钢加固界面未进入加入蠕变时，即 $t\leqslant t_1$，此时，公式(5-3)等于 0；当 CFRP-钢加固界面进入加入蠕变时，即 $t>t_1$，此时，NRC 模型开关开启。

5.3 蠕变方程推导

5.3.1 本构方程

① 当 $\tau<\tau_{s1}$ 时，模型中只有第 1 和第 2 部分参与，其状态方程可以表示为：

$$\begin{cases}\tau_1=G_0\gamma_1\\ \tau_2=G_1\gamma_2+\eta_1\dot{\gamma}_2\\ \tau=\tau_1=\tau_2\\ \gamma=\gamma_1+\gamma_2\end{cases} \tag{5-5}$$

通过式(5-5)可以获得 CFRP-钢加固界面本构方程为：

$$\tau(t)=\frac{\eta_1}{G_0+G_1}\dot{\tau}=\frac{G_0G_1}{G_0+G_1}\gamma+\frac{G_0\eta_1}{G_0+G_1}\dot{\gamma} \tag{5-6}$$

② 当 $\tau_{s1}\leqslant\tau_{s2}$，$\tau_{s1}\leqslant\tau\leqslant\tau_{s2}$ 时，模型中只有第 1、第 2 和第 3 部分参与，其状态方程可以表示为：

$$\begin{cases}\tau_1=G_0\gamma_1\\ \tau_2=G_1\gamma_2+\eta_1\dot{\gamma}_2\\ \tau_3-\tau_{s1}=\eta_2\dot{\gamma}_3\\ \tau=\tau_1=\tau_2=\tau_3\\ \gamma=\gamma_1+\gamma_2+\gamma_3\end{cases} \tag{5-7}$$

通过式(5－7)可以获得 CFRP－钢加固界面本构方程为：

$$\ddot{\gamma}+\frac{G_2}{\eta_1}\dot{\gamma}=\frac{1}{G_0}\ddot{\tau}+\frac{G_1\eta_2+G_0\eta_2+G_0\eta_1}{G_0\eta_1\eta_2}\dot{\tau}+\frac{G_1}{\eta_1\eta_2}(\tau-\tau_{s1}) \tag{5-8}$$

③ 当 $\tau\geqslant\tau_{s2}$ 时，其状态方程可以表示为：

$$\begin{cases}\tau_1=G_0\gamma_1\\ \tau_2=G_1\gamma_2+\eta_1\dot{\gamma}_2\\ \tau_3-\tau_{s1}=\eta_2\dot{\gamma}_3\\ \tau_4-\tau_{s2}=\dfrac{\eta_3\dot{\gamma}_4}{kt^{k-1}}\\ \tau=\tau_1=\tau_2=\tau_3=\tau_4\\ \gamma=\gamma_1+\gamma_2+\gamma_3+\gamma_4\end{cases} \tag{5-9}$$

对式(5－9)中第 6 式求一阶导和二阶导可得：

$$\begin{cases}\dot{\gamma}=\dot{\gamma}_1+\dot{\gamma}_2+\dot{\gamma}_3+\dot{\gamma}_4\\ \ddot{\gamma}=\ddot{\gamma}_1+\ddot{\gamma}_2+\ddot{\gamma}_3+\ddot{\gamma}_4\end{cases} \tag{5-10}$$

联立式(5－9)和式(5－10)可得：

$$\begin{cases}\dot{\gamma}_2=\dot{\gamma}-\dfrac{\dot{\tau}}{G_0}-\dfrac{\tau-\tau_{s1}}{\eta_2}-\dfrac{\tau-\tau_{s2}}{\eta_3}kt^{k-1}\\ \ddot{\gamma}=\dfrac{\ddot{\tau}}{G_0}+\dfrac{\dot{\tau}}{\eta_2}+\dfrac{\dot{\tau}}{\eta_3}kt^{k-1}+k(k-1)t^{k-2}\dfrac{\tau-\tau_{s2}}{\eta_3}+\dfrac{\dot{\tau}-G_1\dot{\gamma}_2}{\eta_1}\end{cases} \tag{5-11}$$

将式(5－11)中第 1 式代入第 2 式得：

$$\begin{aligned}\ddot{\gamma}=&\frac{\ddot{\tau}}{G_0}+\frac{\dot{\tau}}{\eta_2}+\frac{\dot{\tau}}{\eta_3}kt^{k-1}+k(k-1)t^{k-2}\frac{\tau-\tau_{s2}}{\eta_3}+\\&\frac{\dot{\tau}}{\eta_1}+\frac{G_1}{\eta_1}\left(\dot{\gamma}-\frac{\dot{\tau}}{G_0}-\frac{\tau-\tau_{s1}}{\eta_2}-\frac{\tau-\tau_{s2}}{\eta_2}kt^{k-1}\right)\end{aligned} \tag{5-12}$$

通过式(5－12)可以获得 CFRP－钢加固界面本构方程为：

$$\begin{aligned}\ddot{\gamma}+\frac{G_1}{\eta_1}\dot{\gamma}=&\frac{1}{G_0}\ddot{\tau}+\left(\frac{1}{\eta_2}+\frac{1}{\eta_3}kt^{k-1}+\frac{1}{\eta_1}+\frac{G_0}{G_0\eta_2}\right)\dot{\tau}+\frac{G_1}{\eta_1\eta_2}(\tau-\tau_{s1})\\&+\left[\frac{1}{\eta_3}k(k-1)t^{k-2}+\frac{G_1}{\eta_1\eta_2}kt^{k-1}\right](\tau-\tau_{s2})\end{aligned} \tag{5-13}$$

综上所述，CFRP－钢加固界面蠕变模型的本构方程表达式为：

$$\begin{cases} \tau(t)+\dfrac{\eta_1}{G_0+G_1}\dot{\tau}=\dfrac{G_0G_1}{G_0+G_1}\gamma+\dfrac{G_0\eta_1}{G_0+G_1}\dot{\gamma} & \tau\leqslant\tau_{s1} \\ \ddot{\gamma}+\dfrac{G_2}{\eta_1}\dot{\gamma}=\dfrac{1}{G_0}\ddot{\tau}+\dfrac{G_1\eta_2+G_0\eta_2+G_0\eta_1}{G_0\eta_1\eta_2}\dot{\tau}+\dfrac{G_1}{\eta_1\eta_2}(\tau-\tau_{s1}) & \tau_{s1}\leqslant\tau\leqslant\tau_{s2} \\ \ddot{\gamma}+\dfrac{G_1}{\eta_1}\dot{\gamma}=\dfrac{1}{G_0}\ddot{\tau}+\left(\dfrac{1}{\eta_2}+\dfrac{1}{\eta_3}kt^{k-1}+\dfrac{1}{\eta_1}+\dfrac{G_1}{G_0\eta_1}\right)\dot{\tau}+\dfrac{G_1}{\eta_1\eta_2}(\tau-\tau_{s1})+ & \\ \qquad\left[\dfrac{1}{\eta_3}k(k-1)t^{k-2}+\dfrac{G_1}{\eta_1\eta_2}kt^{k-1}\right](\tau-\tau_{s2}) & \tau\geqslant\tau_{s2} \end{cases} \tag{5-14}$$

5.3.2 蠕变方程

① 当 $\tau<\tau_{s1}$，$\tau(t)=\tau_0$ 时，该蠕变模型主要是由 Hook 体及 Kelvin-Voigt 体串联而成，Hook 体及 Kelvin-Voigt 体蠕变方程分别见式(5－15)和式(5－16)：

$$\gamma(t)=\frac{\tau_0}{G_0} \tag{5-15}$$

$$\gamma(t)=\frac{\tau_0}{G_1}\left(1-e^{-\frac{G_1}{\eta_1}t}\right) \tag{5-16}$$

根据叠加原理，该条件下 CFRP-钢加固界面蠕变方程表达式为：

$$\gamma(t)=\frac{\tau_0}{G_0}+\frac{\tau_0}{G_1}\left(1-e^{-\frac{G_1}{\eta_1}t}\right) \tag{5-17}$$

对式(5－17)两边分别求导可得 CFRP-钢加固界面蠕变速率表达式：

$$\dot{\gamma}=\frac{\tau_0}{\eta_1}e^{-\frac{G_1}{\eta_1}t} \tag{5-18}$$

由式(5－18)可知，该公式可描述 CFRP-钢加固界面的减速蠕变特性。蠕变速率随时间增加而减小，并逐渐趋于 0。

② 当 $\tau_{s1}\leqslant\tau_{s2}$，$\tau_{s1}\leqslant\tau_0\leqslant\tau_{s2}$，$\tau(t)=\tau_0$ 时，该模型主要是由 Hook 体、Kelvin-Voigt 体以及 Bindham 体串联而成，根据叠加原理，蠕变方程表达式为：

$$\gamma(t)=\frac{\tau_0}{G_0}+\frac{\tau_0}{G_1}\left(1-e^{-\frac{G_1}{\eta_1}t}\right)+\frac{\tau_0-\tau_{s1}}{\eta_2}t \tag{5-19}$$

对式(5－19)求导可得中等应力水平下 CFRP-钢加固界面蠕变速率表达式：

$$\dot{\gamma}=\frac{\tau_0}{\eta_1}e^{-\frac{G_1}{\eta_1}t}+\frac{\tau_0-\tau_{s1}}{\eta_2} \tag{5-20}$$

由式(5-20)可以看出，该公式可用于描述 CFRP-钢加固界面的减速蠕变和等速蠕变特性。蠕变速率随时间增加而减小，并逐渐趋于常数。该模型能够描述中等应力水平下，CFRP-钢加固界面的瞬时变形、减速蠕变和等速蠕变过程。

③ 当 $\tau_0 \geqslant \tau_{s2}$，$\tau(t)=\tau_0$ 时，该模型主要是由 Hook 体、Kelvin-Voigt 体、Bindham 体以及 NRC 元件模型串联而成，根据叠加原理，蠕变方程表达式为：

$$\begin{cases}\gamma(t)=\dfrac{\tau_0}{G_0}+\dfrac{\tau_0}{G_1}(1-e^{-\frac{G_1}{\eta_1}t})+\dfrac{\tau_0-\tau_{s1}}{\eta_2}t & t\leqslant t_1\\ \gamma(t)=\dfrac{\tau_0}{G_0}+\dfrac{\tau_0}{G_1}(1-e^{-\frac{G_1}{\eta_1}t})+\dfrac{\tau_0-\tau_{s1}}{\eta_2}t+\dfrac{\tau_0}{\eta_3}[1-e^{-\left(\frac{t-t_2}{t_c-t_2}\right)^k}] & t>t_1\end{cases} \tag{5-21}$$

需要说明的是，NRC 蠕变方程本质上属于分段函数，当 $t\leqslant t_1$ 时，NRC 模型并未发生作用，此时，CFRP-钢加固界面只包含瞬时变形、减速蠕变和等速蠕变；当 $t>t_1$ 时，NRC 模型开启，CFRP-钢加固界面开始进入加速蠕变阶段。

对式(5-21)第 2 式求导可得 CFRP-钢加固界面蠕变速率表达式：

$$\dot{\gamma}=\frac{\tau_0}{\eta_1}e^{-\frac{G_1}{\eta_1}t}+\frac{\tau_0-\tau_{s1}}{\eta_2}-\frac{\tau_0}{\eta_3}\left[\frac{k}{t_c-t_2}\left(\frac{t-t_2}{t_c-t_2}\right)^{k-1}e^{-\left(\frac{t-t_2}{t_c-t_2}\right)^k}\right] \tag{5-22}$$

式(5-21)第 1 式求导结果详见式(5-18)。

综上所述，CFRP-钢加固界面蠕变模型的蠕变方程表达式为：

$$\begin{cases}\gamma(t)=\dfrac{\tau_0}{G_0}+\dfrac{\tau_0}{G_1}(1-e^{-\frac{G_1}{\eta_1}t}) & \tau_0\leqslant\tau_{s1}\\ \gamma(t)=\dfrac{\tau_0}{G_0}+\dfrac{\tau_0}{G_1}(1-e^{-\frac{G_1}{\eta_1}t})+\dfrac{\tau_0-\tau_{s1}}{\eta_2}t & \tau_{s1}\leqslant\tau_0\leqslant\tau_{s2}\\ \gamma(t)=\dfrac{\tau_0}{G_0}+\dfrac{\tau_0}{G_1}(1-e^{-\frac{G_1}{\eta_1}t})+\dfrac{\tau_0-\tau_{s1}}{\eta_2}t & \tau_0\geqslant\tau_{s2},t\leqslant t_1\\ \gamma(t)=\dfrac{\tau_0}{G_0}+\dfrac{\tau_0}{G_1}(1-e^{-\frac{G_1}{\eta_1}t})+\dfrac{\tau_0-\tau_{s1}}{\eta_2}t+\dfrac{\tau_0}{\eta_3}[1-e^{-\left(\frac{t-t_2}{t_c-t_2}\right)^k}] & \tau_0\geqslant\tau_{s2},t>t_1\end{cases} \tag{5-23}$$

5.3.3 蠕变方程参数确定

根据上述推导的蠕变模型可知，当施加的剪应力水平小于 τ_{s1} 时，CFRP-钢加固界面经历短暂的瞬时变形后进入减速蠕变阶段；当剪应力水平介于 τ_{s1} 和 τ_{s2} 范围内，CFRP-钢加固界面经历瞬时变形、减速蠕变后进入等速蠕变阶段；当剪应力水平大于 τ_{s2}，CFRP-钢加固界面开始出现加速蠕变阶段。因此，在对蠕变模型参数进行辨识过程中，首先应确定 τ_{s1} 和 τ_{s2} 的值，通过不同胶层厚度 t_a 和粗糙度 R_s 下的蠕变时程曲线可以看出，当剪应力水平小于 CFRP-钢结构界面的长期强度时，其稳态蠕变速率极小，可以认为蠕变曲线只有衰减蠕变，因此，τ_{s1} 取 CFRP 钢加固界面的长期强度；加速蠕变仅出现在最后一级剪应力水平，τ_{s2} 取 CFRP-钢加固界面的蠕变破坏应力，表 5-3 给出了不同胶层厚度 t_a 和粗糙度 R_s 下 τ_{s1} 和 τ_{s2}。

参照文献[159]所述方法，采用 1stOpt 软件对蠕变模型中的相关参数进行辨识，采用软件内嵌的全局优化 LM 算法对蠕变试验曲线进行非线性拟合。不同胶层厚度 t_a 和粗糙度 R_s 下蠕变曲线拟合结果分别如图 5-3 和图 5-4 所示，其拟合参数分别见表 5-4 和表 5-5。

表 5-3　不同试验条件下 τ_{s1} 和 τ_{s2} 的值

t_a/mm	R_s	τ_{s1}/MPa	τ_{s2}/MPa
0.5	0.767	11.20	13.52
1.0		13.04	16.31
1.5		8.49	9.85
2.0		7.83	9.72
1.0	0.341	12.16	13.18
	1.665	16.29	19.25
	2.346	16.48	19.21
1.0	1.665	16.03	18.93
		15.69	18.74
		14.96	18.63
		14.71	18.25
		14.54	17.78
		13.94	17.07

表5-3(续)

t_a/mm	R_s	τ_{s1}/MPa	τ_{s2}/MPa
1.0	1.665	16.21	19.20
		16.12	19.07
		16.01	19.00
		15.55	18.98
		15.29	18.44

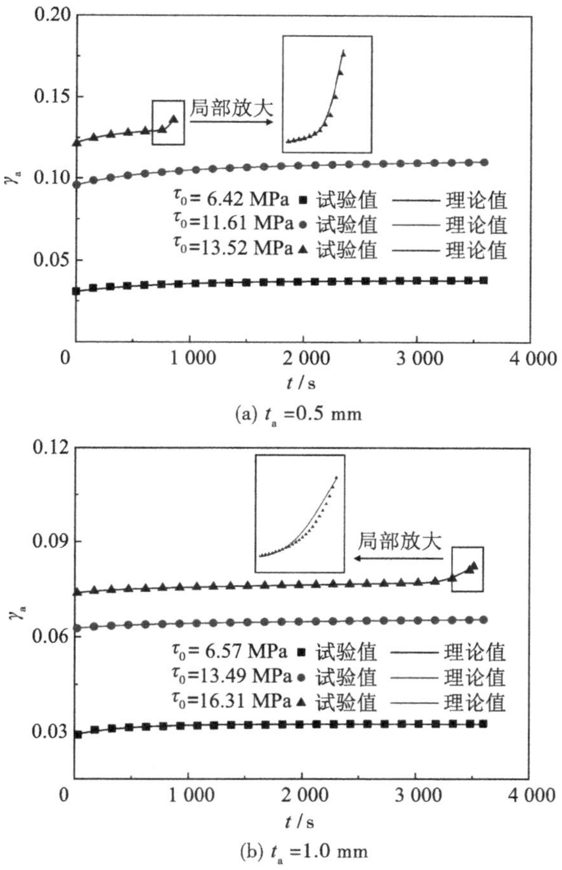

图 5-3 不同胶层厚度下蠕变曲线拟合结果

由图 5-3、图 5-4 和表 5-4、表 5-5 可以看出:MSSB-NRC 非线性蠕变模型可以较好地拟合蠕变试验数据,试验曲线与理论曲线基本重合。

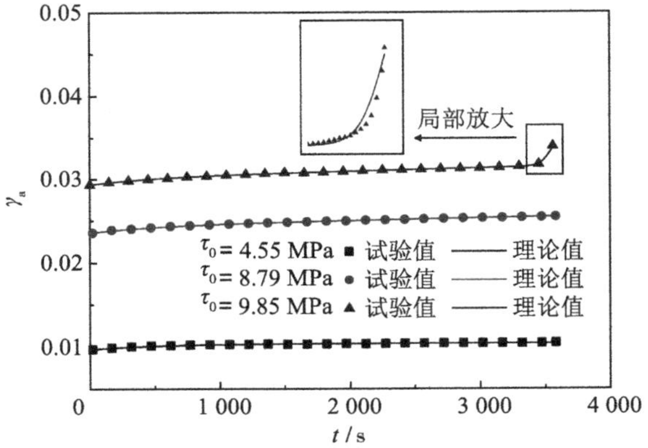

(c) t_a =1.5 mm

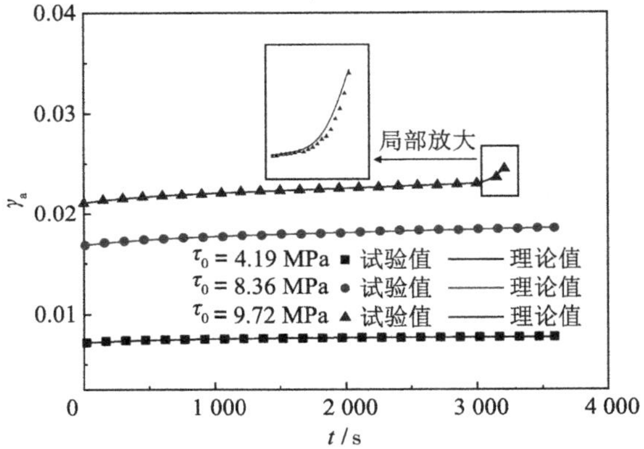

(d) t_a =2.0 mm

图 5－3 （续）

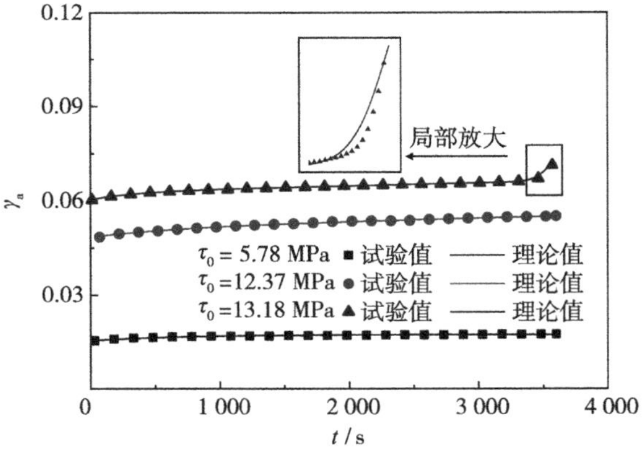

(a) R_s=0.341

图 5－4 不同粗糙度下蠕变曲线拟合结果

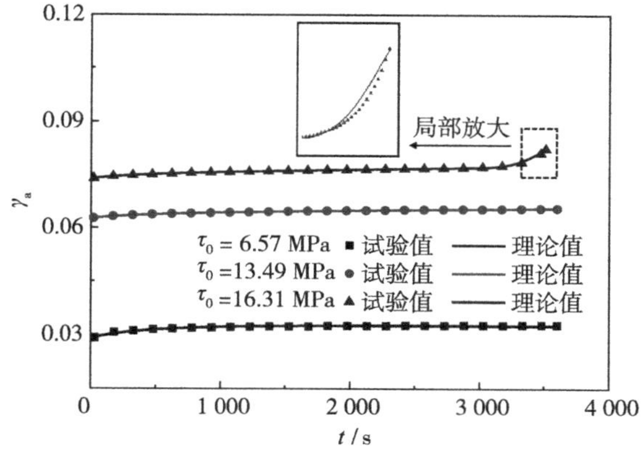

(b) R_s=0.767

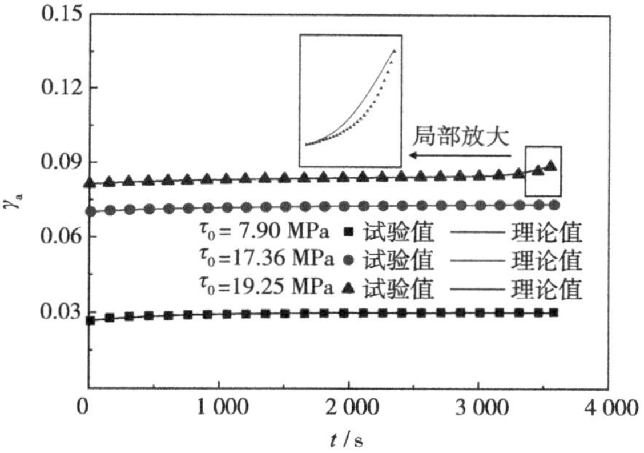

(c) R_s=1.665

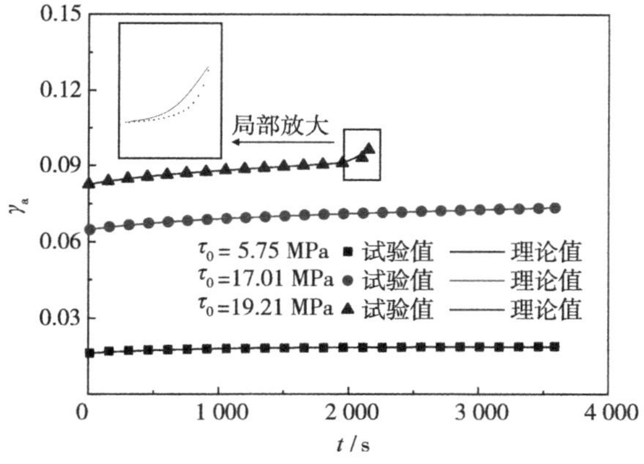

(d) R_s=2.346

图 5-4 （续）

表 5-4　不同胶层厚度 t_a 下蠕变模型参数表

t_a/mm	τ_0/MPa	G_0/GPa	G_1/GPa	η_1/(kGPa·s)	η_2/(kGPa·s)	τ_{s1}/MPa	η_3/(GPa·s)	k
0.5	6.42	0.21	0.91	0.73	—	—	—	—
	8.33	0.17	0.82	0.88	—	—	—	—
	10.03	0.14	0.70	0.82	—	—	—	—
	11.61	0.12	1.18	0.71	0.29	11.20	—	—
	13.52	0.11	2.25	0.63	0.90	11.20	1.32	4.13
1.0	6.57	0.23	1.92	0.86	—	—	—	—
	8.57	0.21	4.45	4.92	—	—	—	—
	10.82	0.21	4.81	5.70	—	—	—	—
	13.49	0.22	9.99	4.82	1.06	13.04	—	—
	16.31	0.22	12.75	4.83	5.03	13.04	2.10	3.78
1.5	4.55	0.47	6.77	4.15	—	—	—	—
	6.06	0.43	6.82	9.47	—	—	—	—
	7.52	0.41	5.50	7.96	—	—	—	—
	8.79	0.37	10.26	6.10	1.07	8.49	—	—
	9.85	0.34	11.05	6.19	3.71	8.49	2.74	9.29
2.0	4.19	0.58	7.66	6.94	—	—	—	—
	5.54	0.56	9.10	12.22	—	—	—	—
	6.38	0.50	3.20	8.34	—	—	—	—
	8.36	0.50	11.79	7.08	1.92	7.83	—	—
	9.72	0.46	17.24	6.59	4.26	7.83	4.31	5.69

表 5-5　不同粗糙度 R_s 下蠕变模型参数表

R_s	τ_0 /MPa	G_0 /GPa	G_1 /GPa	η_1 /(kGPa·s)	η_2 /(kGPa·s)	τ_{s1} /MPa	η_3 /(GPa·s)	k
0.341	5.78	0.38	2.98	2.15	—	—	—	—
	7.66	0.35	2.99	4.34	—	—	—	—
	9.72	0.33	2.45	3.61	—	—	—	—
	11.26	0.29	2.08	3.19	—	—	—	—
	12.37	0.25	3.83	3.11	0.23	12.16	—	—
	13.18	0.22	5.29	1.85	1.08	12.16	1.40	8.20
1.665	7.90	0.30	2.25	1.50	—	—	—	—
	9.48	0.27	3.99	4.98	—	—	—	—
	11.87	0.26	4.42	5.97	—	—	—	—
	14.82	0.25	4.90	6.97	—	—	—	—
	17.36	0.25	11.56	6.53	2.02	16.29	—	—
	19.25	0.24	14.88	8.04	4.08	16.29	3.31	4.09
2.346	5.75	0.35	2.25	1.87	—	—	—	—
	8.20	0.34	2.67	3.02	—	—	—	—
	11.81	0.32	2.60	3.51	—	—	—	—
	15.30	0.31	2.30	3.47	—	—	—	—
	17.01	0.26	4.30	3.14	0.39	16.48	—	—
	19.21	0.23	7.47	3.00	0.89	16.48	2.34	5.14

5.4 本章小结

本章基于流变力学理论，建立了考虑胶层厚度 t_a 和粗糙度 R_s 的 CFRP-钢加固界面的非线性黏弹塑性蠕变模型，推导了蠕变模型的本构方程和蠕变方程。并采用 1stOpt 软件对蠕变模型中的相关参数进行辨识，采用软件内嵌的全局优化 LM 算法对蠕变试验曲线进行非线性拟合，验证了蠕变模型的正确性，主要结论如下：

① 基于基本的流变模型，引入 NRC 模型表征 CFRP-钢加固界面的非线性加速蠕变特征，建立了 CFRP-钢加固界面的非线性黏弹塑性蠕变模型，推导了蠕变模型的本构方程和蠕变方程。

② 根据蠕变试验结果，确定了蠕变模型中的应力阈值，并采用 1stOpt 软件及其内嵌的全局优化 LM 算法对蠕变试验曲线进行非线性拟合，辨识了蠕变模型中的相关参数，发现建立的 MSSB-NRC 蠕变模型对于 CFRP-钢加固界面的剪切蠕变特性具有较好的使用性，理论曲线与试验曲线基本吻合。

6　结论与展望

6.1　主要结论

CFRP-钢加固界面剪切变形机制及蠕变规律研究是准确把握加固后钢结构耐久性的基础。本书以CFRP-钢加固界面为研究对象，借助微机控制伺服蠕变试验系统等现代测试技术，综合采用宏观试验以及理论分析等方法，对CFRP-钢加固界面的剪切变形机制、宏观破裂特征和蠕变损伤破裂机理等进行了系统研究。主要取得如下研究成果：

① 研制了一种双剪切组合结构试样，并基于传统电测技术实现了CFRP-钢加固界面剪应力与剪应变的间接测量；建立了CFRP-钢加固界面剪切变形的几何模型，推导了钢板与CFRP板的轴向线应变与加固界面剪应变之间的表达式以及基于轴向线应变的加固界面剪应力的表达式。

② 结合CFRP-钢加固界面的受力与变形特征，详细给出了试样的设计与制作流程，并通过理论分析验证了钢板和CFRP板主要变形为轴向拉伸、加固界面（胶层）的主要变形为沿轴向的剪切变形；确定了钢板表面粗糙度 R_s 和加固界面胶层厚度 t_a 是影响CFRP-钢加固界面抗剪切性能的主要因素，通过试验测试获得了工程上常用4种级别粗糙度钢板对应的 R_s 数值为：0.341、0.767、1.665和2.346，4种胶层厚度 t_a 数值为：0.5 mm、1.0 mm、1.5 mm和2.0 mm，为CFRP-钢加固界面剪切变形机制及破坏规律的研究提供基础。

③ 开展了不同钢板表面粗糙度 R_s、加固界面胶层厚度 t_a 下CFRP-钢加固界面抗剪切力学特性测试试验。CFRP-钢加固界面极限承载力 P_{kavg} 随胶层厚度 t_a 的增加呈现先增大后减小的变化规律，并在胶层厚度 t_a 为1.0 mm左右时达到最大；随粗糙度 R_s 的增加，CFRP-钢加固界面极限承载力 P_{kavg} 呈增大的变化趋势，当 $R_s=0.767$ 左右，P_{kavg} 增幅最大。表明：$t_a=1.0$ mm、$R_s=0.767$ 左右，试样加固界面具有较高的抗剪切能力，研究成果可为基于CFRP的钢结构加固技术与工艺研究提供参考。

④ 分析得到了CFRP板和钢板的轴向线应变以及CFRP-钢加固界面剪应力 τ_a 的分布规律，发现剪应力 τ_a 沿试样轴向呈线性变化，自试样钢板间隙附近至CFRP板端部处逐渐减小，表明两钢板间隙附近区域为CFRP板的主要承载区；获得了CFRP-钢加固界面不同位置处的剪应力-剪应变曲线，得到了最大剪应力 τ_{amax}、最大剪应变 γ_{amax}、界面剪切变形模量 G_a 对钢板表面粗糙度 R_s、界面胶层厚度 t_a 的相应规律。

⑤ 任意胶层厚度 t_a 和粗糙度 R_s 下，CFRP-钢加固界面均表现出明显的蠕变行为。低应力水平下，CFRP-钢加固界面经历短暂的减速蠕变后其变形趋于稳定，进一步提高应力水平，CFRP-钢加固界面只表现出减速蠕变和等速蠕变，最后一级应力水平下，其变形呈现明显的蠕变三阶段，即包括减速、等速和加速蠕变阶段；相同荷载水平下，相邻两应变片中心距离加载端头越远，减速蠕变的初始速率和稳态蠕变速率越小；同一位置处，随剪应力水平增加，减速蠕变的初始速率和稳态蠕变速率随剪应力水平的增加而增大。

⑥ 随胶层厚度 t_a 的增加，瞬时应变和蠕变应变均呈现非线性减小的变化特征。例如，对于第五级荷载，胶层厚度 t_a 由0.5 mm增至1.5 mm，瞬时应变和蠕变应变的降幅分别为76.74%和80.34%，胶层厚度 t_a 由1.5 mm增至2.0 mm，瞬时应变和蠕变应变的降幅分别为27.93%和15.50%；随粗糙度 R_s 的增加，瞬时应变和蠕变应变均呈现近似线性增大的变化特征。例如，对于第五级荷载，粗糙度 R_s 由0.341增至2.346，瞬时应变和蠕变应变的增幅分别为51.43%和58.14%。

⑦ 稳态剪切蠕变速率随胶层厚度 t_a 和粗糙度 R_s 的增加均呈非线性减小的变化趋势，例如，当应力水平为9MPa时，胶层厚度 t_a 由0.5 mm增至1.0 mm，稳态剪切降幅为38.96%；胶层厚度 t_a 由1.5 mm增至2.0 mm，稳态剪切蠕变速率降幅仅为15.96%；当应力水平为10 MPa时，粗糙度 R_s 由0.341增至1.665，稳态剪切蠕变速率降幅仅为31.33%，粗糙度 R_s 由1.665增至2.346，稳态剪切蠕变速率降幅为21.61%；CFRP-钢加固界面的长期强度随胶层厚度 t_a 的增加呈现先增大后减小的变化趋势，随粗糙度 R_s 的增加呈现近似线性增大的变化趋势；通过室内试验分析发现，利用稳态蠕变速率法和等时剪应力-剪应变曲线法确定的长期强度是合理可靠的。

⑧ 依据CFRP-钢加固界面的剪切蠕变特性及破坏模式分析，引入NRC模型表征CFRP-钢加固界面的非线性加速蠕变特征，建立了考虑胶层厚度 t_a 和钢板表面粗糙度 R_s 影响的CFRP-钢加固界面的非线性黏弹塑性剪切蠕变

本构模型，推导了蠕变模型的本构方程和蠕变方程；结合蠕变试验结果，确定了蠕变模型中的应力阈值，并采用 1stOpt 软件及其内嵌的全局优化 LM 算法对蠕变试验曲线进行非线性拟合，辨识了蠕变模型中的相关参数，发现建立的 MSSB - NRC 蠕变模型对于 CFRP -钢加固界面的剪切蠕变特性具有较好的使用性，理论曲线与试验曲线较好重合。

6.2 研究展望

CFRP -钢加固界面蠕变特性研究是解决钢结构加固耐久性的基础问题之一。本书主要通过试验手段获得了 CFRP -钢加固界面的蠕变特性相关数据，对 CFRP -钢加固界面的蠕变特性和损伤破裂机理进行系统研究，研究成果为钢结构加固的长期性能提供参考和帮助。CFRP -钢加固界面的蠕变及损伤破裂是一个复杂的过程，同时实际工程中的钢结构往往受到复杂荷载耦合作用的影响，今后的研究工作将重点围绕以下几点展开：

(1) 腐蚀环境作用下 CFRP -钢加固界面的蠕变特性研究

在实际工程中，部分钢结构同时受到腐蚀环境的作用，比如硫酸盐腐蚀和氯盐腐蚀，或者是沿海地区的钢结构长期处于海工环境等，因此有必要考虑不同腐蚀条件下，若干腐蚀周期后 CFRP -钢加固界面的蠕变特性。

(2) 加固钢结构构件层次蠕变特性研究

本书主要从界面的层次对 CFRP -钢加固界面的蠕变特性进行研究。在实际工程中，钢结构加固后蠕变特性对工程应用具有重要意义，因此在接下来的工作中，我们将对钢结构加固构件，如 CFRP 板加固钢梁、柱进行蠕变特性研究，补充本书在构件层次上研究的空缺。

参考文献

[1] 沈祖炎，陈以一，陈扬骥，等. 钢结构基本原理[M]. 北京：中国建筑工业出版社，2018.

[2] 岳清瑞，张宁，彭福明，等. 碳纤维增强复合材料(CFRP)加固修复钢结构性能研究与工程应用[M]. 北京：中国建筑工业出版社，2009.

[3] 郑云，叶列平，岳清瑞. FRP加固钢结构的研究进展[J]. 工业建筑，2005，35(08)：20-25,34.

[4] 中国工程建设标准化协会. 钢结构加固技术规范 CECS 77:96[S]. 北京:中国计划出版社,1996.

[5] 王元清，宗亮，施刚，等. 钢结构加固新技术及其应用研究[J]. 工业建筑，2017，47(2)：1-6,22.

[6] FAWZIA S, AL-MAHAIDI R, ZHAO X L. Experimental and finite element analysis of a double strap joint between steel plates and normal modulus CFRP[J]. Composite Structures, 2006, 75(1/4): 156-162.

[7] AMRAEI M, ZHAO X L, BJÖRK T, et al. Bond characteristics between high/ultra-high strength steel and ultra-high modulus CFRP laminates [J]. Engineering Structures, 2020, 205: 110094.

[8] YANG Y M, BISCAIA H, CHASTRE C, et al. Bond characteristics of CFRP-to-steel joints[J]. Journal of Constructional Steel Research, 2017, 138: 401-419.

[9] BOCCIARELLI M, COLOMBI P, FAVA G, et al. Prediction of debonding strength of tensile steel/CFRP joints using fracture mechanics and stress based criteria[J]. Engineering Fracture Mechanics, 2009, 76(2): 299-313.

[10] 伍希志，任会礼，钟懿. 基于粘聚力理论的CFRP加固钢板剥离机理研究[J]. 固体力学学报，2015，36(3)：197-203.

[11] 薛耀. CFRP-钢粘贴界面粘结性能试验研究[D]. 南京：东南大学，2015.

[12] SCHNERCH D, DAWOOD M, RIZKALLA S, et al. Proposed design guidelines for strengthening of steel bridges with FRP materials[J]. Construction and Building Materials, 2007, 21(5): 1001－1010.

[13] BATUWITAGE C, FAWZIA S, THAMBIRATNAM D, et al. Evaluation of bond properties of degraded CFRP－strengthened double strap joints[J]. Composite Structures, 2017,173: 144－155.

[14] 郭攀. CFRP板加固钢板粘结界面的静力学性能研究[D]. 广州:华南理工大学, 2010.

[15] TENG J. G., YU T., FERNANDO D.. Strengthening of steel structures with fiber-reinforced polymer composites [J]. Journal of Constructional Steel Research, 2012,78: 131－143.

[16] FAWZIA S, ZHAO X L, AL－MAHAIDI R. Bond-slip models for double strap joints strengthened by CFRP[J]. Composite Structures, 2010, 92(9): 2137－2145.

[17] 程璐, 冯鹏, 徐善华, 等. CFRP加固钢结构抗疲劳技术研究综述[J]. 玻璃钢/复合材料, 2013(4): 59－63.

[18] 伍希志, 程军圣, 杨宇, 等. CFRP加固裂纹钢板的疲劳寿命及加固参数研究[J]. 华南理工大学学报(自然科学版), 2016, 44(4): 143－148.

[19] 王海涛, 吴刚, 吴智深. FRP布置方式对含裂纹钢板加固后的疲劳性能影响分析[J]. 土木工程学报, 2015, 48(1): 56－63.

[20] 郑云, 叶列平, 岳清瑞. CFRP板加固含裂纹受拉钢板的疲劳性能研究[J]. 工程力学, 2007, 24(6): 91－97.

[21] 伍希志, 林彬, 程军圣, 等. 裂纹钢板的止裂孔与CFRP加固及其疲劳寿命预测[J]. 天津大学学报(自然科学与工程技术版), 2017, 50(2): 154－158.

[22] 王海涛. CFRP板加固钢结构疲劳性能及其设计方法研究[D]. 南京: 东南大学, 2016.

[23] 王海涛, 张磊, 吴刚. CFRP加固含单边裂纹钢板疲劳性能研究[J]. 建筑结构, 2018, 48(S2): 750－753.

[24] MEIER U. Carbon Fiber-Reinforced Polymers: Modern Materials in Bridge Engineering [J]. Structural Engineering International, 1992, 2(1): 7－12.

［25］CSA. Design and construction of building components with fibre-reinforced polymers：S806 － 02［S］. Toronto：Canadian Standards Association，2002.

［26］JSCE. Recommendations for upgrading of concrete structures with use of continuous fiber sheets：Concrete engineering series 41［S］. Tokyo：Japan Society of Civil Engineers，2001.

［27］ACI. Guide for the design and construction of externally bonded FRP systems for strengthening concrete structures：ACI 440. 2R－17［S］. Farmington Hills：American Concrete Institute，2017.

［28］中国工程建设标准化协会. 碳纤维片材加固混凝土结构技术规程 CECS 146:2003(2007 年版)［S］. 北京：中国计划出版社，2003.

［29］中国工程建设标准化协会. 碳纤维增强复合材料加固混凝土结构技术规程 T/CECS 146－2022［S］. 北京：中国建筑工业出版社，2022.

［30］中华人民共和国住房和城乡建设部. 建筑抗震加固技术规程：JGJ 116－2009［S］. 北京：中国建筑工业出版社，2009.

［31］中华人民共和国住房和城乡建设部. 混凝土结构加固设计规范：GB 50367—2013［S］. 北京：中国建筑工业出版社，2013.

［32］中华人民共和国住房和城乡建设部. 既有建筑鉴定与加固通用规范：GB 55021－2021［S］. 北京：中国建筑工业出版社，2021.

［33］吴刚，安琳，吕志涛. 碳纤维布用于钢筋混凝土梁抗弯加固的试验研究［J］. 建筑结构，2000，30(7)：3－6，10.

［34］熊光晶，姜浩，黄冀卓. 混杂纤维布加固混凝土梁的试验研究［J］. 土木工程学报，2001，34(4)：62－66.

［35］张伟平，王晓刚，顾祥林. 碳纤维布加固锈蚀钢筋混凝土梁抗弯性能研究［J］. 土木工程学报，2010，43(6)：34－41.

［36］张轲，叶列平，岳清瑞. 碳纤维布加固钢筋混凝土梁弯曲破坏模式分析［J］. 工业建筑，2007，37(4)：81－83，98.

［37］ELGHANDOUR B，ELTAHAWY R，SHEDID M，et al. Prediction of shear strength for CFRP reinforced concrete beams without stirrups［J］. Engineering Structures，2023，284:115946.

［38］TIAN Y，JIANG S，MENG J，et al. Shear capacity behavior of Reinforced Concrete (RC) beams strengthened with CFRP strips［J］. Revista Internacional de MéTodos Numéricos para CáLculo y Diseno en Ingenieria, 2021, 37(3):1 - 14.

[39] MA S, MUHAMAD BUNNORI N, CHOONG K K. Experimental Study on Shear Strengthening of Reinforced Concrete Box Beam by CFRP[J]. Iranian Journal of Science and Technology, Transactions of Civil Engineering, 2020,44: 1075 - 1085.

[40] JIN L, XIA H, JIANG X A, et al. Size effect on shear failure of CFRP-strengthened concrete beams without web reinforcement: Meso-scale simulation and formulation[J]. Composite Structures, 2020,236: 111895.

[41] 曹双寅，潘建伍，邱洪兴. 外贴纤维加固梁抗剪承载力计算方法分析[J]. 东南大学学报(自然科学版)，2002，32(5)：766 - 770.

[42] 董江峰，王清远，朱艳梅，等. 外贴纤维布加固钢筋混凝土梁的抗剪试验研究[J]. 四川大学学报(工程科学版)，2010，42(5)：197 - 203.

[43] HUANG Z, MIAO X, SHEN J, et al. Experimental investigation on shear behavior of concrete beams with CFRP grid shear reinforcements[J]. Structures, 2021, 33: 3081 - 3093.

[44] GUO X Y, CUI H Y, WANG Y L, et al. Fatigue life prediction of CFRP-strengthened RC beams with flexural crack under hygrothermal environments[J]. Materials, 2022, 15(13): 4681.

[45] WU M Z, YUAN F, GUO S J, et al. Experimental investigation of the shear behaviour of concrete beams with CFRP strip stirrups under static and fatigue loading[J]. Structures, 2022, 41: 1602 - 1615.

[46] JEONG Y, KIM W S, GRIBNIAK V, et al. Fatigue behavior of concrete beams prestressed with partially bonded CFRP bars subjected to cyclic loads[J]. Materials, 2019, 12(20): 3352.

[47] PENG H, ZHANG J R, SHANG S P, et al. Experimental study of flexural fatigue performance of reinforced concrete beams strengthened with prestressed CFRP plates[J]. Engineering Structures, 2016, 127: 62 - 72.

[48] JIN L, LAN Y, ZHANG R, et al. Numerical analysis of the mechanical behavior of the impact-damaged RC beams strengthened with CFRP [J]. Composite Structures, 2021, 274: 114353.

[49] ZHAO H, KONG X, FU Y, et al. Numerical investigation on dy-

namic response of RC T-beams strengthened with CFRP under impact loading [J]. Crystals, 2020, 10(10):890.

[50] HUO J S, LI Z, ZHAO L Y, et al. Dynamic behavior of carbon fiber-reinforced polymer-strengthened reinforced concrete beams without stirrups under impact loading [J]. ACI Structural Journal, 2018, 115(3): 775-787.

[51] He Q F, Li J , Yue L Y, et al. Numerical simulation on impact TEST of CFRP strengthened reinforced concrete beams[J]. Frontiers in Materials, 2020, 7:252.

[52] HU Z J, LI Q H, YAN H F, et al. Experimental study on slender CFRP-confined circular RC columns under axial compression[J]. Applied Sciences, 2021, 11(9): 3968.

[53] ABDUL HALIM N H F, ALIH S C, VAFAEI M. Efficiency of CFRP strips as a substitute for carbon steel stirrups in RC columns[J]. Materials and Structures, 2020, 53: 129.

[54] SWESI A O, COTSOVOS D M, VAL D V. Effect of CFRP strengthening on response of RC columns to lateral static and impact loads[J]. Composite Structures, 2022, 287: 115356.

[55] 王作虎，申书洋，崔宇强，等. CFRP 加固混凝土柱轴压性能尺寸效应试验分析[J]. 哈尔滨工业大学学报，2020，52(8)：112-120.

[56] 龚婉婷，钱永久，徐望喜. 考虑结构损伤的 CFRP 修复 RC 墩柱地震损伤模型研究[J]. 西南交通大学学报，2024,59(2)：332-342.

[57] LIU X, ZHANG J W, LIU J, et al. Seismic performance and damage assessment of earthquake-damaged HSRAC columns with UHSS repaired by CFRP jackets[J]. Structures, 2023, 48: 241-257.

[58] WU R Y, PANTELIDES C P. Rapid seismic repair of reinforced concrete bridge columns [J]. ACI Structural Journal, 2017, 114(5): 1339-1350.

[59] LIMAM O, FORET G, EHRLACHER A. RC two-way slabs strengthened with CFRP strips: experimental study and a limit analysis approach[J]. Composite Structures, 2003, 60(4): 467-471.

[60] KIM Y J, LONGWORTH J M, WIGHT R G, et al. Flexure of

two-way slabs strengthened with prestressed or nonprestressed CFRP sheets [J]. Journal of Composites for Construction, 2008, 12(4): 366-374.

[61] 闫长旺，刘曙光，王玉清. 碳纤维加固预应力空心板抗弯承载力试验研究[J]. 中国矿业大学学报，2008，37(2)：250-254.

[62] 陈锐林，李康，董琪，等. CFRP加固钢筋混凝土板爆炸冲击作用下动力响应分析的数值模拟[J]. 铁道科学与工程学报，2020，17(6)：1517-1527.

[63] 郭樟根，曹双寅，王安宝，等. 爆炸荷载作用下外贴FRP加固钢筋混凝土双向板试验研究[J]. 建筑结构学报，2011，32(2)：91-97.

[64] ELKHABEERY O H, SAFAR S S, MOURAD S A. Flexural strength of steel I-beams reinforced with CFRP sheets at tension flange[J]. Journal of Constructional Steel Research, 2018, 148: 572-588.

[65] ZHANG Z X, XU S H, MU L, et al. Experimental and theoretical investigation on flexural behavior of corroded steel beams strengthened by CFRP plate [J]. KSCE Journal of Civil Engineering, 2020, 24(7): 2160-2172.

[66] SELVARAJ S, MADHAVAN M. CFRP strengthened steel beams: Improvement in failure modes and performance analysis[J]. Structures, 2017, 12: 120-131.

[67] KAZEM H, ZHANG Y, RIZKALLA S, et al. CFRP shear strengthening system for steel bridge girders[J]. Engineering Structures, 2018, 175: 415-424.

[68] NHUT P V, MATSUMOTO Y. Experimental analytical and theoretical investigations of CFRP strengthened thin-walled steel plates under shear loads[J]. Thin-Walled Structures, 2020, 155: 106908.

[69] TAVAKKOLIZADEH M, SAADATMANESH H. Fatigue strength of steel girders strengthened with carbon fiber reinforced polymer patch[J]. Journal of Structural Engineering, 2003, 129(2): 186-196.

[70] COLOMBI P, FAVA G. Experimental study on the fatigue behaviour of cracked steel beams repaired with CFRP plates[J]. Engineering Fracture Mechanics, 2015, 145: 128-142.

[71] YU Q Q, ZHAO X L, CHEN T, et al. Crack propagation prediction of CFRP retrofitted steel plates with different degrees of damage using

BEM[J]. Thin-Walled Structures，2014，82：145 - 158.

[72] HU L L，FENG P. Prestressed CFRP - reinforced steel columns under axial and eccentric compression [J]. Composite Structures，2021，268：113940.

[73] WANG Y H，WANG Y Y，ZHOU X H，et al. Coupled ultimate capacity of CFRP confined concrete-filled steel tube columns under compression-bending-torsion load[J]. Structures，2021，31：558 - 575.

[74] 杨炳，查昕峰，彭威，等. 方钢管混凝土柱加固后抗震性能试验研究[J]. 长江大学学报(自科版)，2015，12(25)：46 - 51,5.

[75] WANG Y，LI J H，DENG J，et al. Numerical study on notched steel plate with center hole strengthened by CFRP[J]. Journal of Adhesion Science and Technology，2018，32(10)：1066 - 1080.

[76] POUL M K，NATEGHI - ALAHI F，ZHAO X L. Experimental testing on CFRP strengthened thin steel plates under shear loading[J]. Thin-Walled Structures，2016，109：217 - 226.

[77] YU Q Q，ZHAO X L，AL - MAHAIDI R，et al. Tests on cracked steel plates with differentdamage levels strengthened by CFRP laminates[J]. International Journal of Structural Stability and Dynamics，2014，14(6)：1450018.

[78] LIU H，AL - MAHAIDI R，ZHAO X L. Experimental study of fatigue crack growth behaviour in adhesively reinforced steel structures[J]. Composite Structures，2009，90(1)：12 - 20.

[79] LI A B，XU S H，WANG Y D，et al. Fatigue behavior of corroded steel plates strengthened with CFRP plates[J]. Construction and Building Materials，2022，314：125707.

[80] YANG Y，SILVA M A G，BISCAIA H，et al. CFRP-to-steel bonded joints subjected to cyclic loading：An experimental study[J]. Composites. Part B:Engineering，2018，146：28 - 41.

[81] ZHOU H，TORRES J P，FERNANDO D，et al. The bond behaviour of CFRP-to-steel bonded joints with varying bond properties at elevated temperatures[J]. Engineering Structures，2019，183：1121 - 1133.

[82] YANG Y，SILVA M A G，BISCAIA H，et al. Bond durability of

CFRP laminates-to-steel joints subjected to freeze-thaw[J]. Composite Structures, 2019, 212: 243 - 258.

[83] FERNANDO N D. Bond behavior and debonding failures in FRP-strengthened steel members[D]. Hongkong: The Hong Kong Polytechnic University, 2010.

[84] FERNANDO D, TENG J G, YU T, et al. Preparation and characterization of steel surfaces for adhesive bonding[J]. Journal of Composites for Construction, 2013, 17(6): 04013012.

[85] XIA S H, TENG J G. Behavior of FRP to steel bonded joints: proceeding of international symposium on bond behavior of FRP in structures [C]. Hong Kong, China.

[86] AL - MOSAWE A, AL - MAHAIDI R, ZHAO X L. Effect of CFRP properties on the bond characteristics between steel and CFRP laminate under quasi-static loading[J]. Construction and Building Materials, 2015, 98: 489 - 501.

[87] 王海涛，吴刚，庞育阳. 结构胶类型对 CFRP 板-钢界面粘结性能的影响[J]. 苏州科技大学学报(工程技术版)，2017，30(4)：45 - 48.

[88] AKBAR I, OEHLERS D J, MOHAMED ALI M S. Derivation of the bond-slip characteristics for FRP plated steel members[J]. Journal of Constructional Steel Research, 2010, 66(8/9): 1047 - 1056.

[89] ALTAEE M J, ALTAYEE S A S, KADHIM M M A, et al. Evaluation of existing bond-slip relations for CFRP - steel joints and new model for linear and nonlinear adhesives [J]. Advances in Civil Engineering, 2022, 2022(1): 1 - 16.

[90] CAO S H, WU Z S, WANG X. Tensile properties of CFRP and hybrid FRP composites at elevated temperatures[J]. Journal of Composite Materials, 2009, 43(4): 315 - 330.

[91] LIU Y W, CHEN W, LIU C, et al. Bond performance of CFRP/Steel double strap joint at elevated temperatures [J]. Sustainability, 2022, 14(23): 15537.

[92] HE J, XIAN G J, ZHANG Y X. Effect of moderately elevated temperatures on bond behaviour of CFRP-to-steel bonded joints using different ad-

hesives[J]. Construction and Building Materials, 2020, 241: 118057.

[93] NGUYEN T C, BAI Y, ZHAO X L, et al. Mechanical characterization of steel/CFRP double strap joints at elevated temperatures [J]. Composite Structures, 2011, 93(6): 1604 - 1612.

[94] NGUYEN T C, BAI Y, ZHAO X L, et al. Effects of ultraviolet radiation and associated elevated temperature on mechanical performance of steel/CFRP double strap joints[J]. Composite Structures, 2012, 94(12): 3563 - 3573.

[95] KIM Y J, HOSSAIN M, YOSHITAKE I. Cold region durability of a two-part epoxy adhesive in double-lap shear joints: Experiment and model development[J]. Construction and Building Materials, 2012, 36: 295 - 304.

[96] AGARWAL A, FOSTER S J, HAMED E, et al. Influence of freeze-thaw cycling on the bond strength of steel-FRP lap joints[J]. Composites. Part B: Engineering, 2014, 60: 178 - 185.

[97] AL - ZUBAIDY H, ZHAO X L, AL - MAHAIDI R. Mechanical characterisation of the dynamic tensile properties of CFRP sheet and adhesive at medium strain rates[J]. Composite Structures, 2013, 96: 153 - 164.

[98] DAWOOD M, RIZKALLA S. Environmental durability of a CFRP system for strengthening steel structures[J]. Construction and Building Materials, 2010, 24(9): 1682 - 1689.

[99] NGUYEN T, BAI Y, AL - MAHAIDI R, et al. Time-dependent behaviour of steel/CFRP double strap joints subjected to combined thermal and mechanical loading[J]. Composite Structures, 2012, 94(5): 1826 - 1833.

[100] ZEHSAZ M, VAKILI - TAHAMI F, SAEIMI - SADIGH M A. Modified creep constitutive equation for an epoxy-based adhesive with nonlinear viscoelastic behavior[J]. Journal of Strain Analysis for Engineering Design, 2015, 50(1): 4 - 14.

[101] SILVA P, VALENTE T, AZENHA M, et al. Viscoelastic response of an epoxy adhesive for construction since its early ages: Experiments and modelling[J]. Composites Part B: Engineering, 2017, 116: 266 - 277.

[102] ASHOFTEH R S, KHORAMISHAD H. Creep behavior of polymeric adhesive joints exposed to different environmental conditions[J]. Poly-

mer Composites，2020，41(8)：3218－3226.

[103] STARKOVA O，BUSCHHORN S T，MANNOV E，et al. Creep and recovery of epoxy/MWCNT nanocomposites[J]. Composites Part A：Applied Science and Manufacturing，2012，43(8)：1212－1218.

[104] BERARDI V P，PERRELLA M，FEO L，et al. Creep behavior of GFRP laminates and theirphases：Experimental investigation and analytical modeling[J]. Composites Part B：Engineering，2017，122：136－144.

[105] MONTAZERI S，RANJBAR Z，RASTEGAR S. The correlation between adhesion durability and viscoelastic creep-recovery behavior in epoxy coatings[J]. Progress in organic coatings，2017，111：395－401.

[106] MAJDA P，SKRODZEWICZ J. A modified creep model of epoxy adhesive at ambient temperature[J]. International Journal of Adhesion and Adhesives，2009，29(4)：396－404.

[107] 李卉. 室温固化环氧结构胶黏剂研制及流变性能加速表征[D]. 长沙：中南林业科技大学，2019.

[108] LI H，LUO Y S，HU D L. Long Term creep assessment of room-temperature cured epoxy adhesive by time-stress superposition and fractional rheological model[J]. Applied rheology，2018，28(6)：64796.

[109] DEAN G. Modelling non-linear creep behaviour of an epoxy adhesive[J]. International Journal of Adhesion and Adhesives，2007，27(8)：636－646.

[110] FERRIER E，MICHEL L，JURKIEWIEZ B，et al. Creep behavior of adhesives used for external FRP strengthening of RC structures[J]. Construction and Building Materials，2011，25(2)：461－467.

[111] ABOUBAKR S H，KANDIL U F，TAHA M R. Creep of epoxy-clay nanocomposite adhesive at the FRP interface：A multi-scale investigation [J]. International Journal of Adhesion and Adhesives，2014，54：1－12.

[112] ZHANG N，GU X T，HOU W Y. Analysis of interfacial mechanical properties of steel beams strengthened with CFRP sheets under temperature and creep[J]. Polymers，2022，14(12)：2384.

[113] JIAN X Y，ZHANG N，LIU H Q，et al. Interface slip of steel-concrete composite beams reinforced with CFRP sheet under creep effect[J].

Scientific Reports，2022，12(1)：22375.

［114］徐佰顺. CFRP-钢复合结构界面时变力学行为研究［D］. 成都：西南交通大学，2017.

［115］徐佰顺，钱永久，唐继舜，等. 基于黏弹性本构的 CFRP-钢界面应力参数敏感性分析［J］. 公路交通科技，2017，34(11)：57-63.

［116］徐佰顺，姚亚东，常建梅，等. 受剪应力影响的 CFRP-钢界面蠕变本构模型［J］. 哈尔滨工业大学学报，2021，53(3)：170-177.

［117］CHOI K K，MESHGIN P，TAHA M M R. Shear creep of epoxy at the concrete-FRP interfaces［J］. Composites Part B：Engineering，2007，38(5/6)：772-780.

［118］DIAB H S，WU Z S. Nonlinear constitutive model for time-dependent behavior of FRP-concrete interface［J］. Composites Science and Technology，2007，67(11/12)：2323-2333.

［119］MEAUD C，JURKIEWIEZ B，FERRIER E. Investigation of creep effects in strengthened RC structures through double lap shear testing［J］. Composites Part B：Engineering，2011，42(3)：359-366.

［120］AMIDI S，WANG J L. Subcritical debonding of FRP-to-concrete bonded interface under synergistic effect of load，moisture，and temperature［J］. Mechanics of Materials，2016，92：80-93.

［121］HOUHOU N，BENZARTI K，QUIERTANT M，et al. Analysis of the nonlinear creep behavior of concrete/FRP-bonded assemblies［J］. Journal of Adhesion Science and Technology，2014，28(14/15)：1345-1366.

［122］SHI X S，COLLINS E G，ZHAO X L，et al. Mechanical properties and microstructure analysis of fly ash geopolymeric recycled concrete［J］. Journal of Hazardous Materials，2012，237/238：20-29.

［123］EMBONG R，KUSBIANTORO A，SHAFIQ N，et al. Strength and microstructural properties of fly ash based geopolymer concrete containing high-calcium and water-absorptive aggregate［J］. Journal of Cleaner Production，2016，112：816-822.

［124］VENKATANARAYANAN H K，RANGARAJU P R. Effect of grinding of low-carbon rice husk ash on the microstructure and performance properties of blended cement concrete［J］. Cement and Concrete Composites，

2015, 55: 348 - 363.

[125] CHOPRA D, SIDDIQUE R, KUNAL. Strength, permeability and microstructure of self-compacting concrete containing rice husk ash[J]. Biosystems Engineering, 2015, 130: 72 - 80.

[126] NADEEM A, MEMON S A, LO T Y. Mechanical performance, durability, qualitative and quantitative analysis of microstructure of fly ash and Metakaolin mortar at elevated temperatures[J]. Construction and Building Materials, 2013, 38: 338 - 347.

[127] 张立华，胡曙光，丁庆军. 多组分水泥基材料微观结构的研究[J]. 武汉理工大学学报，2002，24(6)：11 - 14.

[128] 水中和，万惠文. 老混凝土中骨料-水泥界面过渡区(ITZ)(Ⅰ)：元素与化合物在ITZ的富集现象[J]. 武汉理工大学学报，2002，24(4)：21 - 23.

[129] GOLEWSKI G L, SADOWSKI T. An analysis of shear fracture toughness K_{IIc} and microstructure in concretes containing fly-ash[J]. Construction and Building Materials, 2014, 51: 207 - 214.

[130] HELMI M, HALL M R, STEVENS L A, et al. Effects of high-pressure/temperature curing on reactive powder concrete microstructure formation[J]. Construction and Building Materials, 2016, 105: 554 - 562.

[131] 吴疆宇，靖洪文，浦海，等. 分形矸石胶结充填体的宏细观力学特性[J]. 岩石力学与工程学报，2021，40(10)：2083 - 2100.

[132] HEIKAL M, ZOHDY K M, ABDELKREEM M. Mechanical, microstructure and rheological characteristics of high performance self-compacting cement pastes and concrete containing ground clay bricks[J]. Construction and Building Materials, 2013, 38: 101 - 109.

[133] JAIN J A, NEITHALATH N. Chloride transport in fly ash and glass powder modified concretes-Influence of test methods on microstructure [J]. Cement & Concrete Composites, 2010, 32(2): 148 - 156.

[134] REN F, MATTUS C H, WANG J J A, et al. Effect of projectile impact and penetration on the phase composition and microstructure of high performance concretes[J]. Cement & Concrete Composites, 2013, 41: 1 - 8.

[135] 李海艳，王英，解恒燕，等. 高温后活性粉末混凝土微观结构分析[J]. 华中科技大学学报(自然科学版)，2012，40(5)：71 - 75.

[136] 韩鹏举，刘新，白晓红. 硫酸钠对水泥土的强度及微观孔隙影响研究[J]. 岩土力学，2014，35(9)：2555－2561.

[137] 高英力，龙杰，刘赫，等. 硫酸盐作用下粉煤灰轻骨料混凝土力学性能及微观结构[J]. 建筑材料学报，2014，17(3)：389－395.

[138] 王海龙，郭春伶，孙晓燕，等. 软水侵蚀混凝土的性能劣化细观机理[J]. 浙江大学学报(工学版)，2012，46(10)：1887－1892,1922.

[139] 李兵. 混凝土冻融蠕变特性及损伤破裂机理研究[D]. 徐州：中国矿业大学，2016.

[140] 刘瑞雪. 硫酸盐侵蚀及高应变率载荷作用下混凝土的损伤破裂机理研究[D]. 徐州：中国矿业大学，2019.

[141] 宋帅兵. 高庙子膨润土孔隙结构多尺度特征及其渗流特性研究[D]. 徐州：中国矿业大学，2020.

[142] JI L L，LIN M，CAO G H，et al. A multiscale reconstructing method for shale based on SEM image and experiment data[J]. Journal of Petroleum Science and Engineering，2019，179：586－599.

[143] DíAZ I，GONZÁLEZ－PEÑA V，MÁRQUEZ－ALVAREZ C，et al. Transmission electron microscopy combined with stochastic reconstruction methods for structural characterization of porous alumina synthesized via nonionic surfactant-templating route[J]. Microporous and Mesoporous Materials，2004，68(1/3)：11－19.

[144] 刘红军. 工程聚合物的非线性流变及其温度效应的研究[D]. 武汉：武汉理工大学，2006.

[145] 杨圣奇. 岩石流变力学特性的研究及其工程应用[D]. 南京：河海大学，2006.

[146] 夏才初，王晓东，许崇帮，等. 用统一流变力学模型理论辨识流变模型的方法和实例[J]. 岩石力学与工程学报，2008，27(8)：1594－1600.

[147] 夏才初，孙钧. 蠕变试验中流变模型辨识及参数确定[J]. 同济大学学报(自然科学版)，1996，24(5)：498－503.

[148] 夏才初，许崇帮，王晓东，等. 统一流变力学模型参数的确定方法[J]. 岩石力学与工程学报，2009，28(2)：425－432.

[149] 曹丽丽. 煤系砂岩渗流-蠕变损伤破裂机理及其分数阶模型研究[D]. 徐州：中国矿业大学，2017.

[150] 吴斐，谢和平，刘建锋，等．分数阶黏弹塑性蠕变模型试验研究[J]．岩石力学与工程学报，2014，33(5)：964-970.

[151] CHAN K S, BODNER S R, FOSSUM A F, et al. A constitutive model for inelastic flow and damage evolution in solids under triaxial compression[J]. Mechanics of Materials, 1992, 14(1): 1-14.

[152] FOSSUM A F, BRODSKY N S, CHAN K S, et al. Experimental evaluation of a constitutive model for inelastic flow and damage evolution in solids subjected to triaxial compression[J]. International Journal of Rock Mechanics and Mining Sciences & Geomechanics Abstracts, 1993, 30(7): 1341-1344.

[153] CHAN K S, BRODSKY N S, FOSSUM A F, et al. Damage-induced nonassociated inelastic flow in rock salt[J]. International Journal of Plasticity, 1994, 10(6): 623-642.

[154] 曹文贵，赵明华，刘成学．基于 Weibull 分布的岩石损伤软化模型及其修正方法研究[J]．岩石力学与工程学报，2004，23(19)：3226-3231.

[155] 杨圣奇，徐鹏．一种新的岩石非线性流变损伤模型研究[J]．岩土工程学报，2014，36(10)：1846-1854.

[156] 杨文东，张强勇，张建国，等．基于 $FLAC^{3D}$ 的改进 Burgers 蠕变损伤模型的二次开发研究[J]．岩土力学，2010，31(6)：1956-1964.

[157] 张宇．深部巷道蠕变大变形失稳机理与控制技术研究[D]．徐州：中国矿业大学，2019.

[158] 徐达．红层岩石蠕变特性及其非线性本构模型研究[D]．成都：西南交通大学，2016.

[159] 李猛．矸石充填材料力学行为及控制岩层移动机理研究[D]．徐州：中国矿业大学，2018.